Bernstein –
suchen und sammeln

Bernstein –
suchen und sammeln

Wie, wo und wann finde ich Bernstein
an den Küsten der Ostsee und Nordsee
und in der Norddeutschen Tiefebene

von Carsten Gröhn

Wachholtz

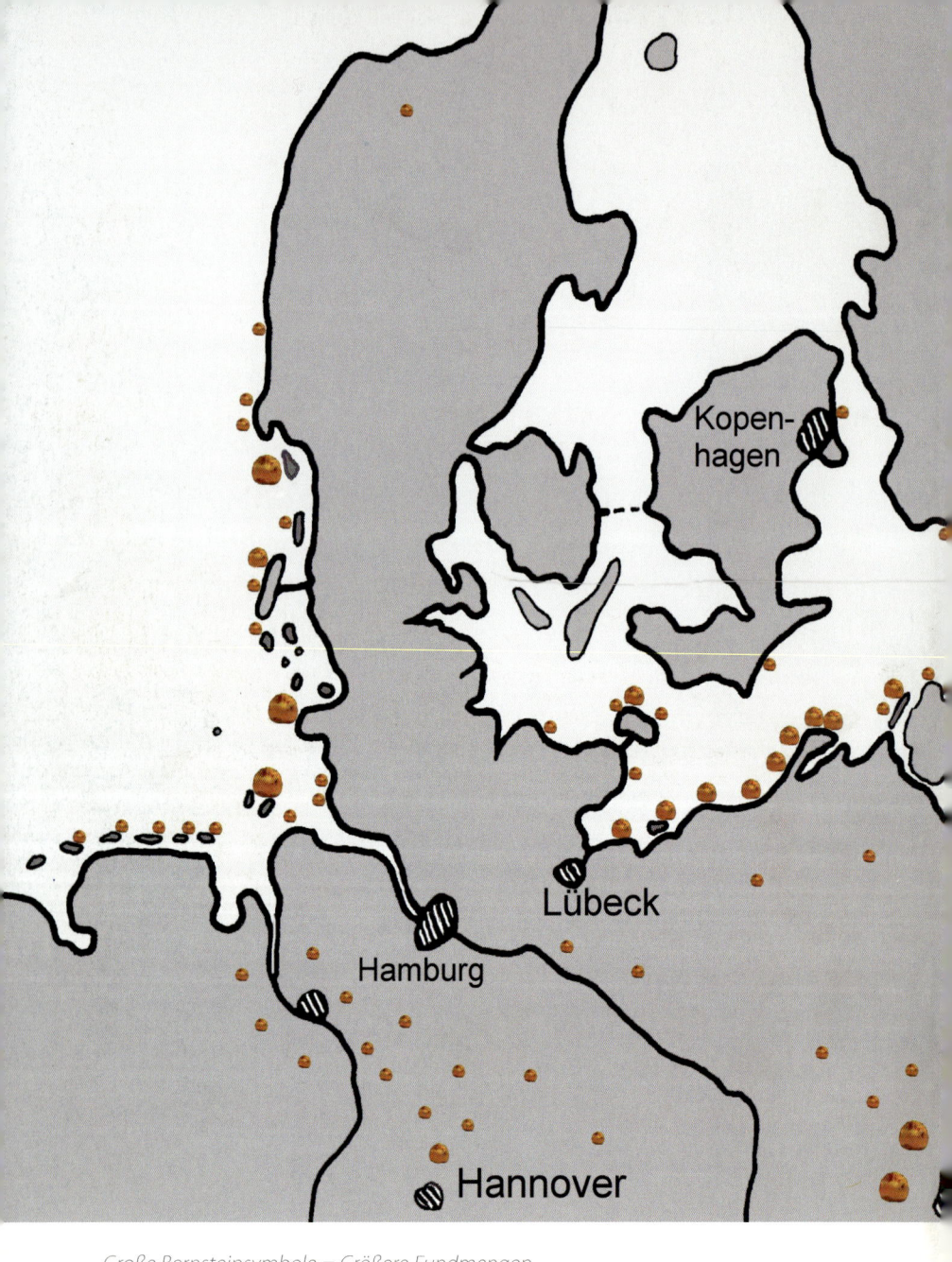

Kopen-
hagen

Lübeck

Hamburg

Hannover

Große Bernsteinsymbole = Größere Fundmengen
Kleine Symbole = Geringere Fundmengen

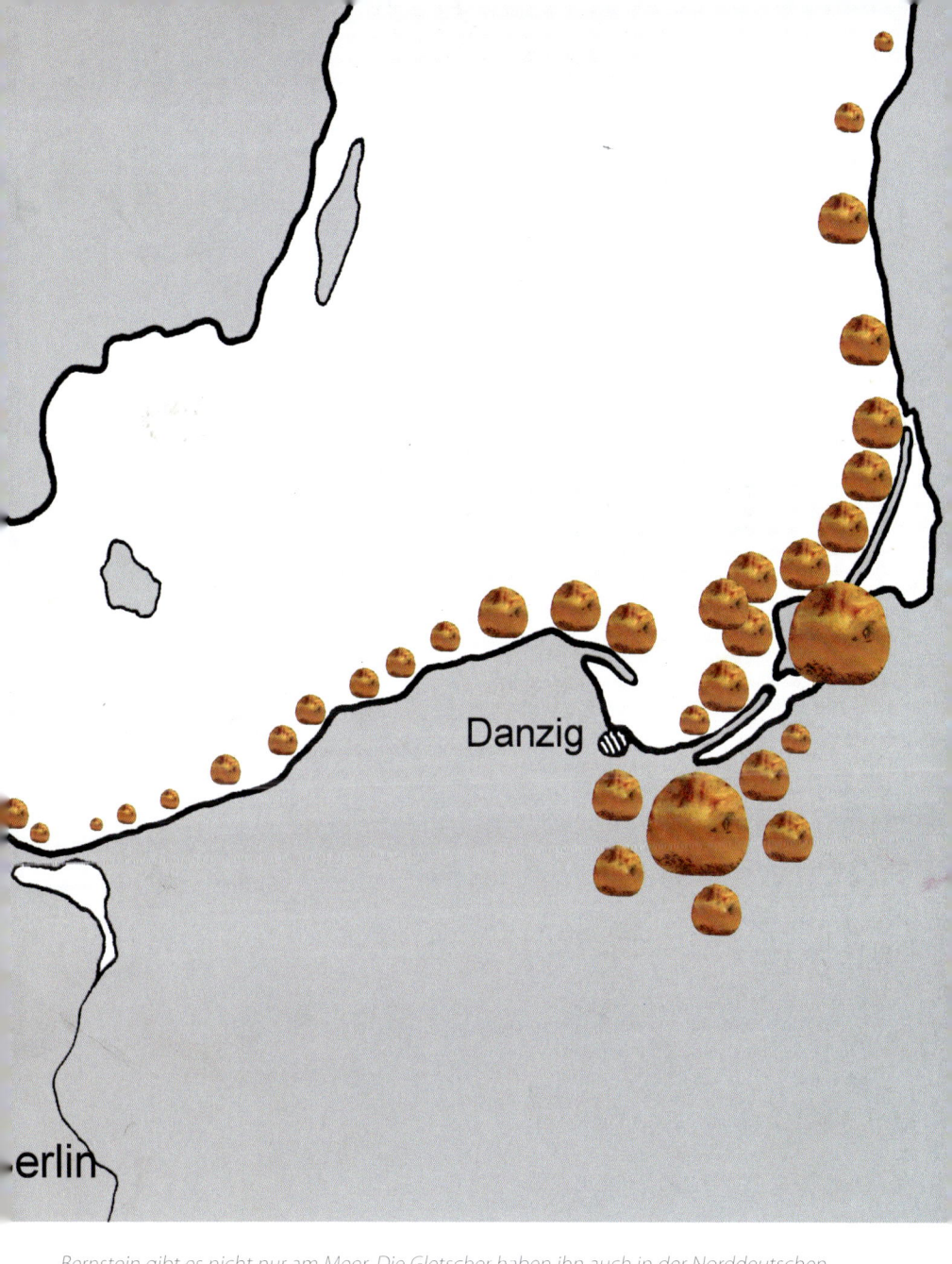

Danzig

erlin

Bernstein gibt es nicht nur am Meer. Die Gletscher haben ihn auch in der Norddeutschen Tiefebene abgelagert.

1. Auflage 2013
© 2013 Carsten Gröhn und Wachholtz Verlag, Neumünster / Hamburg

Satz: Jeanette Frieberg, Buchgestaltung | Mediendesign, Leipzig
Druck und Bindung: fgb freiburger graphische betriebe

Printed in Germany
ISBN: 978-3-529-05441-9

Besuchen Sie uns auch im Internet:
www.wachholtz-verlag.de
www.ambertop.de

Inhalt

Einführung

URLAUB IN NORDDEUTSCHLAND – DA IST MAN DEM BERNSTEIN NAH!

Viele Urlauber laufen an der See stundenlang am Ufer entlang, den Blick auf den Boden gerichtet. Sie haben die Hoffnung, einen Bernstein zu finden – und werden meist enttäuscht.

WIE, WO UND WANN FINDE ICH BERNSTEIN?

Bernstein kommt im Bereich der Ostsee und Nordsee – aber auch im Binnenland – massenhaft vor. Doch warum wird so wenig Bernstein von den Touristen gefunden? Die Suchenden sind zur falschen Zeit am falschen Ort, übersehen den Bernstein einfach oder haben eine falsche Methode.

> Warum finde ich so wenig Bernstein?

Es bedarf genauer Kenntnisse, um wirklich fündig zu werden – und das soll dieser „Bernsteinführer" leisten.

Um entscheiden zu können, wo ich Bernstein überhaupt finden kann, muss ich die Umstände der Entstehung, der Lagerung und Umlagerung kennen. Außerdem muss ich wissen, wie Bernstein aussehen kann – nicht jeder Bernstein hat die allgemein bekannte klarhoniggelbe Farbe!

Und wenn ich dann den ersten Bernstein selbst gefunden habe, lässt mich der faszinierende Bernstein nicht mehr los. Häufig genug entwickelt sich eine Sammelleidenschaft, manchmal eine Sammelsucht. Dann möchte ich mehr über dieses fossile Harz erfahren, über Bernsteinformen, Bernsteinfarben, Bernsteinvarianten, über Einschlüsse im Bernstein, über Bernsteinbearbeitung usw. Auch all diese Themen behandelt der „Bernsteinführer", abgerundet durch einen Blick in die Geschichte.

1 Der Bernsteinwald, Entstehung des Bernsteins

Vor 50 Millionen Jahren gab es die heutige Ostsee noch nicht. Im Bereich der heutigen Ostsee stand ein großer Wald mit Harz produzierenden Bäumen, der Bernsteinwald. Nachweislich waren Kiefern und Eichen stark vertreten. Dieser Bernsteinwald existierte sicher über viele Millionen Jahre.

> Im Bernsteinwald harzten Bäume über viele Millionen Jahre.

Bäume harzen aus den verschiedenen Gründen, zum einen, um sich gegen Fraßfeinde zu schützen, zum anderen, um Wunden zu verschließen. Nadelhölzer harzen gewöhnlich mehr als Laubbäume. Die Verletzungen können durch Käferfraß oder durch Windbruch entstehen oder einfach durch das Wachstum der Bäume. Beim Dickenwachstum wächst die Rinde weniger als der Holzteil, die Folge sind Risse in der Rinde, in die der Baum harzt.

Der Bernsteinwald im Unteren Eozän

Es herrschte im Eozän subtropisches, feuchtes Klima. Wahrscheinlich regnete es häufig und stark. So wurden über viele Millionen Jahre nach und nach große Harzmengen in die Seen und Flüsse geschwemmt und lagerten dort gut geschützt vor Verwitterung. **Das ist eine der wichtigen Voraussetzungen zur Bernsteinentstehung.** Frisches Harz wird schon nach wenigen Tagen trocken und bekommt Risse, vergleichbar mit lehmigem Boden, der bei Trocknung aufreißt. Das Harz muss also schnell unter Luftabschluss geraten sein und diese Bedingung war im feuchten subtropischen Wald gegeben.

Um die eigentliche Entstehung des Baltischen Bernsteins verstehen zu können, muss man die Entwicklung des heutigen Ostseeraumes vom Eozän bis heute betrachten, vor allem die Regression und Transgression des Meeres, d.h. das Vordringen und Zurückziehen des Meeres.

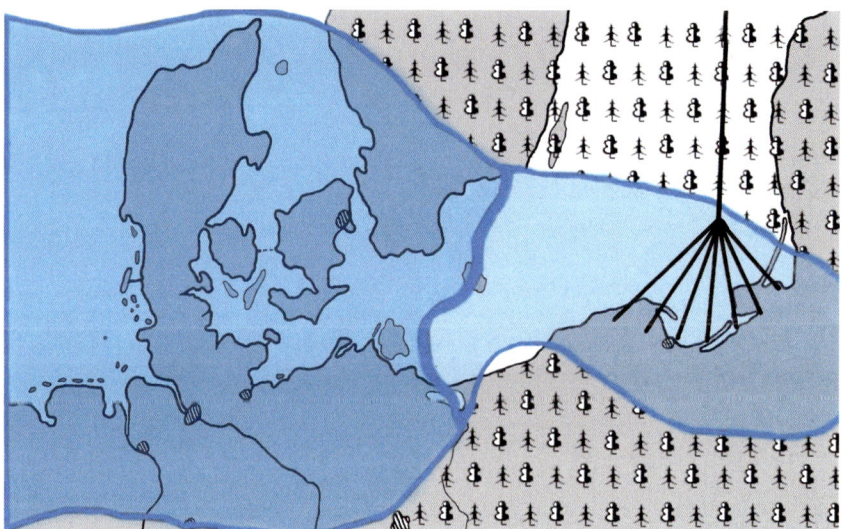

Der Bernsteinwald im Mitteleozän und der Eridanos-Fluss

Im Laufe des Eozäns schob sich das Meer immer weiter nach Osten vor, gegen Ende des Eozäns weit über das heutige Kaliningrad (ehemals Königsberg) hinaus. Es teilte den Bernsteinwald in einen nördlichen und einen südlichen Bereich. Unser Baltische Bernstein ist ausschließlich aus den Harzen des nördlichen Bernsteinwaldes entstanden.

> Der Eridanos transportierte das Harz ins Meer, wo aus ihm Bernstein wurde.

Ob es den legendären Bernsteinfluss Eridanos wirklich gab, wird häufig angezweifelt. Die sogenannte Blaue Erde von Jantarny (das ehemalige Palmnicken bei Königsberg) beweist seine Existenz. Die Blaue Erde besteht aus Meeresablagerungen (Sedimenten), angereichert mit großen Mengen Bernstein. Sie kommt sehr begrenzt vor und zeigt uns in den Umrissen ein typisches Flussdelta mit einer ursprünglichen Flussmündung im Norden dieses Deltas. Also muss der Fluss von Norden aus dem Bereich des heutigen Schwedens und der heutigen östlichen Ostsee gekommen sein.

Der Eridanos transportierte das Harz aus dem Bernsteinwald ins Meer, dessen Küste vor ca. 40 Millionen Jahren nördlich des heutigen Kaliningrad verlief. Hier am Meeresgrund in den Sedimenten des Flussdeltas konnte nun die Entstehung des Bernsteins aus dem Harz seinen Lauf nehmen. Durch einen fortschreitenden Polymerisationsprozess verfestigte sich das Harz über die Kopal-Stufe im Laufe einer Million Jahre zu Bernstein. Erst nach dieser unvorstellbar langen Zeit war Bernstein entstanden. Deshalb ist auch verständlich, dass nicht überall auf der Erde aus jedem Harztropfen ein Bernstein geworden ist. Es bedarf glücklicher Umstände über einen sehr langen Zeitraum.

2 Die Entwicklung des Ostseeraumes

Im Laufe der folgenden vielen Millionen Jahre änderte sich das Klima, es wurde trockener und kälter. Auch die Vegetation änderte sich entsprechend, den Bernsteinwald gab es nicht mehr. Immer mehr Ablagerungen überdeckten die Sedimente, in die das Harz geschwemmt worden war. Das fossile Harz verfestigte sich weiter. Heute liegt die Blaue Erde bei Jantarny in 30–40 Meter Tiefe, nach Norden unter die Ostsee ziehend in weniger als 10 Meter Tiefe und an einigen Stellen erreicht die Blaue Erde den Meeresgrund. Vor ca. 20 Millionen Jahren (im Miozän) zog sich das Meer immer weiter aus dem Bereich der heutigen Ostsee zurück, um dann im Pliozän (vor ca. 3 Millionen Jahren) den Bereich der heutigen Nordsee einzunehmen.

> Der Baltische Urstrom floss in der Senke der späteren Ostsee gen Westen.

Zwischen dem Miozän und dem beginnenden Pleistozän (dem Eiszeitalter) erstreckte sich der Baltischer Urstrom mit seinen Nebenflüssen über 1 000 km von Finnland, über das Baltikum und Süd-Schweden, über Mecklenburg-Vorpommern, Schleswig-Holstein, Niedersachsen bis zu den Niederlanden. Die Mündung lag im Beckenzentrum der heutigen

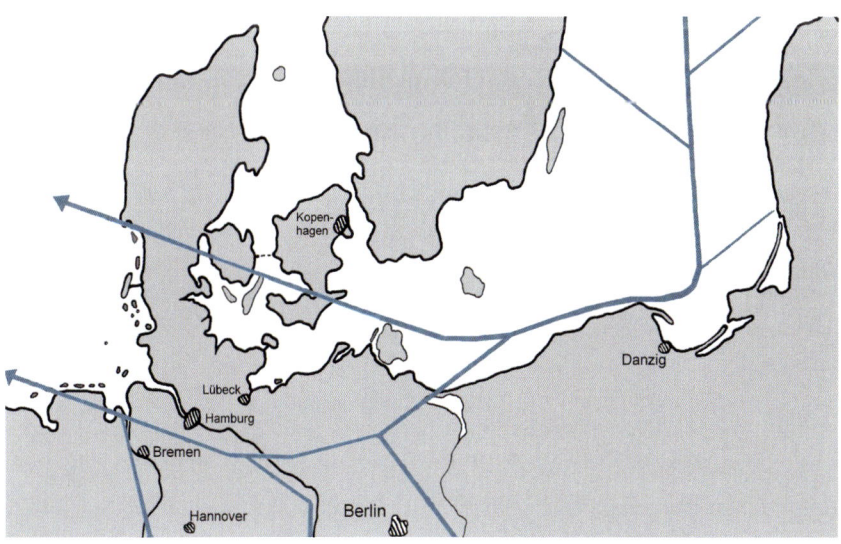

Der Baltische Urstrom, die Ostsee gab es noch nicht.

Nordsee. Es war ein breites System mit vielen Nebenflüssen, das ständig seinen Verlauf änderte und im Oberlauf der Senke der späteren Ostsee folgte. In ihm wurden neben Sedimenten auch gefrorene Erdschollen transportiert, die Gesteine und Bernstein enthalten konnten. Nach dem Abschmelzen der gefrorenen Erdschollen hinterließen sie ihre Fracht am Boden. Nur dadurch ist zu erklären, dass einige Gesteine und Bernstein den langen Transport in eckigen Formen überstanden haben und nicht im Sand des Flusses wie die sogenannten Gerölle abgerundet wurden. Vielleicht hat der Urstrom hier schon Bernsteine aus der Blauen Erde gewaschen und Richtung Westen transportiert.

Die Gletscher der jüngsten der drei großen Eiszeiten, der Weichseleiszeit, schmolzen vor ca. 14 000 Jahren ab. Die Schmelzwasser bildeten hinter der westlichen Eisbarriere den großen Baltischen Eisstausee, die Vorstufe der Ostsee. Diese Senke wurde durch die Gletscher ausgeschürft. Vor ca. 10 000 Jahren war die Eisbarriere so weit abgeschmolzen, dass ein Teil des Baltischen Eisstausees über das heutige Mittelschweden abfloss.

> Die Ostsee entstand erst durch die Gletscher in der Eiszeit.

Durch die Wassermassen des abschmelzenden Eises stieg der Meeresspiegel und für wenige hundert Jahre wurden Nordsee und der östliche Süßwassersee, unsere spätere Ostsee, über das heutige Mittelschweden verbunden.

Nach einer Eiszeit hebt sich das ursprünglich durch kilometerdicke Eismassen herunter gedrückte Land, ein Vorgang, der heute noch anhält. Durch diese Landhebung schloss sich vor ca. 9500 Jahren die Mittelschweden-Wasserverbindung wieder und es entstand ein weiteres Mal ein großer Binnensee, der Ancylussee (nach dem Leitfossil Ancylus fluviatilis, einer Süßwasserschnecke, benannt).

Der Meeresspiegel stieg immer weiter; das Nordseeniveau lag vor ca. 8000 Jahren mindestens 15 m über dem des Ancylussee. Schließlich brach die Landbrücke im Bereich des heutigen Norddänemark-Südschweden und der Binnensee wurde geflutet, Salzwasser drang ein. Mit der Flutung verbreitete sich vor ca. 7000 Jahren die Meeresschnecke Littorina littorea; nach ihr benannte man das Binnenmeer nun als Littorinameer – die heutige Ostsee.

Die mittlere und östliche Ostsee bestand demnach in ihren groben Umrissen (abgesehen von den noch nicht vorhandenen Nehrungen) schon seit der letzten Eiszeit, hatte also auch immer Kontakt zur Blauen Erde und Bernstein konnte heraus gespült werden.

3 Die Eiszeiten – Umlagerung des Bernsteins

Die sogenannte Blaue Erde von Palmnicken (das heutige Jantarny) erreicht im Bereich der Ostsee an einigen Stellen den Meeresgrund. Bernstein wird aus ihr ausgewaschen und kann sich mit der Wasserbewegung in der Ostsee verteilen. Auch die unterschiedliche Transgression und Regression der Meere während der vielen Jahrmillionen sorgten für eine Umverteilung eines Teils des Baltischen Bernsteins.

Eine weitere Umlagerung des Bernsteins ist im Pleistozän (ca. 2,5 Millionen–ca. 10 000 Jahre v. Chr.), dem „Eiszeitalter", geschehen. Hier ist der entscheidende Faktor zu suchen, warum nicht nur im Ostseeraum Bernstein gefunden werden kann.

> Die Umlagerung des Bernsteins geschah einerseits durch Wasserbewegungen, andererseits durch die Gletscher.

Es gab drei große Kaltzeiten im nordeuropäischen Raum, während der Gletscher mehrere Male von Skandinavien zum Teil bis an den Rand der Mittelgebirge vorgestoßen sind. Ihre Fließrichtung ist sehr unterschiedlich gewesen, was die so genannten Leitgeschiebe in den Kiesgruben belegen. So finden wir zum Beispiel in Kiesgruben im Raum Lüneburg Geschiebe, die vornehmlich aus dem Osten (Baltischen Raum) stammen: Dolomite aus Estland, Alandgesteine aus Finnland usw. In Kiesgruben im Raum Hannover finden wir viele Feuersteine und Syenite aus dem Norden (Skandinavien). Wir erkennen dadurch die beiden Hauptfließrichtungen der Gletscher, die einerseits von Norden nach Süden, andererseits von Osten nach Westen verliefen.

Die Gletscher des Warthe-Stadiums der Saale-Kaltzeit zogen auf ihrem Weg von Osten auch über die Blaue Erde, schürften diese Erde mit den enthaltenen Bernsteinen aus und transportierten sie Richtung West-Südwest. Der Transport ging im Süden bis ans Mittelgebirge und im Westen bis in die Niederlande.

Nach dem Abschmelzen des Gletschereises haben die Schmelzwässer die Umverteilung vollendet und einen Teil des Bernsteins auch in die Nordsee geschwemmt.

Mit Glück findet man Bernsteine, die einseitig flach geschliffen sind und Schrammen erkennen lassen, erzeugt von der Gletscherbewegung. Der Bernstein muss an der Gletschersohle festgefroren gewesen und dann über scharfkantige Hindernisse geschoben worden sein. Die dabei entstandenen parallelen Schliffe und Schrammen können von keinem anderen Medium herrühren.

Die meisten durch Gletscher verfrachteten Bernsteine sind erstaunlich gut erhalten und weisen keine Abrundungen oder Bruchstellen auf. Das kann nur dadurch erklärt werden, dass die Gletscher beim Vorstoß schollenweise gefrorene Erde mit enthalte-

Gletscherschrammen auf Bernstein

nen Bernsteinen aufgenommen und beim Abschmelzen wieder freigegeben haben. Die Bernsteine haben den weiten Weg gut geschützt in der gefrorenen Erde überdauert.

WIE WEIT HABEN DIE GLETSCHER DEN BERNSTEIN VERFRACHTET?

Feuerstein (Flintstein) ist ein sehr festes, verwitterungsbeständiges Gestein. Verbinden wir die südlichsten Fundpunkte der von Gletschern transportierten Feuersteine, so erhalten wir die sogenannte „Feuersteinlinie". Sie zeigt uns an, wie weit die Gletscher nach Süden und Westen vorgestoßen sind. Bis zu den Endmoränen hin haben sie aber auch Bernstein mitgeführt und abgelagert. Man könnte also zu der „Feuersteinlinie" auch „Bernsteinlinie" sagen, aber Bernstein verwittert sehr schnell und kommt nicht so häufig vor.

> Die Feuersteinlinie ist die Bernsteinlinie!

In der ersten großen Eiszeit, der Elster-Eiszeit, schoben sich die Gletscher bis an den Rand der Mittelgebirge. Die Moränen dieser Eiszeit sind fast überall von jüngeren Schichten überdeckt worden. Die zweite große Eiszeit (Saale-Eiszeit) hatte mehrere Gletschervorstöße, von denen der erste (Drenthe I) fast so weit vordrang wie die Elster-Gletscher, im Westen sogar darüber hinaus bis fast nach Köln. Die letzte Eiszeit (Weichsel-Eiszeit) ließ die Gletscher nur bis Hamburg und südlich des jetzigen Elbeverlaufes vordringen. In jeder Eiszeit wurden Teile des Bernsteins wieder umgelagert und neu verfrachtet, so dass der Bernstein dann schon auf tertiärer, quartärer oder noch jüngerer Lagerstätte liegt. Die südlichste Ausdehnung der Gletscher ist entsprechend auch die südlichste Ausdehnung der Bernsteinvorkommen, siehe ausführlicher im Kapitel „Bernstein im Binnenland".

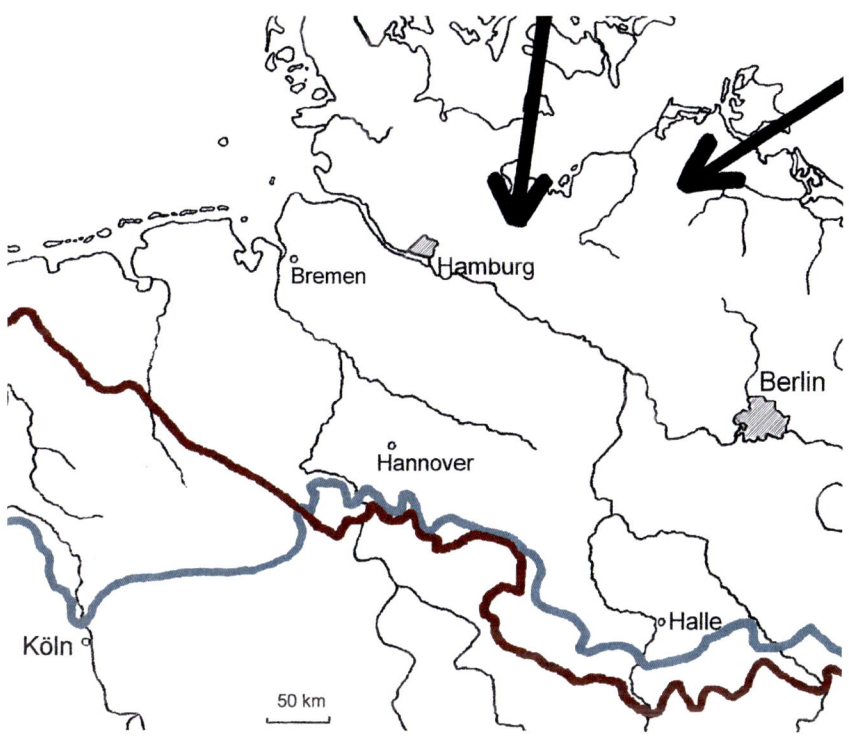

Blaue Linie: Saale-Kaltzeit (Drenthe-Stadium)
Rotbraune Linie: Elster-Kaltzeit
Schwarze Pfeile: Gletscher-Hauptfließrichtungen

4 Bernstein suchen und finden, Voraussetzungen

4.1 Bernstein suchen und finden

Warum wird von einigen glücklichen Sammlern kiloweise Bernstein gefunden, andere wiederum haben noch nie einen Bernstein gefunden? Die Antwort ist einfach: **sie waren zur falschen Jahreszeit oder bei falschem Wetter am falschen Ort, haben den Bernstein übersehen oder eine falsche Suchmethode gehabt**. Und damit haben wir die fünf wichtigsten Faktoren angesprochen.

> Wichtige Bedingungen: Richtige Zeit, richtiges Wetter, richtiger Ort, richtiges Erkennen, richtige Methode

DIE RICHTIGE ZEIT

Wie wir später genauer lesen werden, hat Bernstein ungefähr die Dichte von sehr salzigem kaltem Wasser und kann in diesem Medium fast schweben und leicht von Wasserbewegungen hin und her getragen und an Land gespült werden. Wasser hat seine größte Dichte, d.h. ist am schwersten bei 4 Grad Celsius. Das ist die optimale Wassertemperatur für das Bernsteinsuchen – und annähernd diese Temperaturen erreicht das Wasser frühestens ab Ende Oktober, meist erst im November oder Dezember. Das Wasser nimmt Wärme nur schwer auf und hält sich im Frühjahr bis in den Mai hinein recht kühl. Damit ist die für das Bernsteinsuchen geeignetste Jahreszeit festgelegt: im Winter bis ins Frühjahr hinein. In diesen Monaten wird der Bernstein schon bei geringen Wasserbewegungen hin und her getrieben und kann bei Wellengang auf den Strand getragen werden. In warmem Wasser ist Bernstein vergleichsweise schwer und liegt in den Sommermonaten fest am Grund des Meeres. Nur starke Stürme können ihn dann hin und her bewegen.

DAS RICHTIGE WETTER

Ein richtiger Bernsteinsammler verfolgt den Wetterbericht. Bei Windstille ist am Strand Bernsteinflaute. Bei heftigem Sturm aber ebenfalls, weil die starken Wellen beim Zurückströmen den Bernstein wieder mitreißen. Aber der Sturm hat Bernstein vom Grund des Meeres aufgewirbelt und die Voraussetzungen geschaffen, dass bald Bernstein gefunden werden kann. Erst beim Abflauen des Sturms, wenn die Wellen geringer werden, können die ersten Bernsteine am Spülsaum des Ufers liegen bleiben. Wenn dann noch die Sonne scheint, glitzern die feuchten Bernsteine unübersehbar.

DER RICHTIGE ORT

Es gibt Küstenstreifen, an denen wird häufiger Bernstein gefunden, an anderen weniger – darauf wird später eingegangen. Grundsätzlich gilt: Wenn ein Nordwind weht, sollte man am Nordstrand suchen, bei Nordostwind am besten an einer Küste, die von Nordwest nach Südost verläuft. Bei Westwind an einem Oststrand suchen, das ist meist vergebliche Mühe. Man sucht also am besten dort, wo der Wind direkt auflandig oder fast auflandig steht. Etwas andere Verhältnisse ergeben sich bei Buhnen oder Molen, die ins Meer hinaus gebaut sind. Dort kann sich in den Buchten, in die der Wind schräg hineinweht, Bernstein sammeln.

Man muss dort suchen, wo sich Schwemmgut mit ähnlichen Schwebeeigenschaften (verglichen mit Bernstein) angesammelt hat. Das ist das sogenannte Sprockholz, auch Schwarzholz, Rollholz oder kohliges Holz genannt. Dieses alte Holz dunkelbrauner bis schwarzer Farbe lag schon so lange im Boden oder im Meeressediment, dass es nicht mehr auftreibt, sondern wie der Bernstein am Meeresgrund liegt. Je größer die angeschwemmten schwarzen Hölzer sind, desto größer können auch die Bernsteine sein.

Kleines und großes Sprockholz mit Bernstein im seichten Wasser

Ähnliche Schwebeeigenschaften wie Bernstein haben auch die Gehäuse der Sandröhrenwürmer (Pygospiowürmer), Moostierchenkolonien (Bryozoen), manche Tang- und Algenarten. Auch zwischen diesen Anschwemmungen sollte man suchen.

Ansammlungen von Schneckengehäusen, Muschelschalen und Steinen sind Stellen, an denen meist kein Bernstein liegen geblieben ist.

Auch bei schlammigen Ablagerungen, wo feinste Schwebeteilchen sich angesammelt haben, ist meist kein Bernstein zu finden.

Nach starken Stürmen haben sich manchmal große Mengen Tang und Seegras aufgehäuft. Da kann so mancher Bernstein sich verfangen haben!

DAS ERKENNEN VON BERNSTEIN

Nicht jeder Bernstein sieht klarhoniggelb oder gelb-durchsichtig aus, denn das trifft nur für 10 Prozent der Bernsteine zu. Die meisten Bernsteine haben eine andere Farbe und werden leicht übersehen, vor allem, wenn sie trocken liegen und eine leichte Verwitterungskruste tragen.

Ausführlicher werden die Bernsteinvarianten und Verwechslungsmöglichkeiten in einem Extrakapitel vorgestellt, hier nur ein paar Beispiele, wie Bernstein aussehen kann.

DIE RICHTIGE METHODE

Die meisten Bernstein sammelnden Urlauber gehen den Kopf gesenkt am Ufer entlang. Dort mag man den einen oder anderen Bernstein finden, häufig aber liegt der Bernstein ganz woanders.

Haben wir Ebbe und Flut oder unterschiedliche Wasserstände, dann kann der bernsteinhaltige Spülsaum viele Meter von der augenblicklichen Wasserkante entfernt liegen. Hatten wir zum Beispiel an der Ostsee starken lang anhaltenden Nordostwind, dann steht das Wasser sehr viel höher als wenn der Wind längere Zeit aus westlichen Richtungen geweht hat. Also muss ich meinen Blick auch höher am Strand schweifen lassen, um alte Spülsäume zu entdecken.

Nur ca. 5 % des Bernsteins wird an den Strand geworfen und bleibt im Spülsaum liegen. Der meiste Bernstein verbleibt im Wasser. Wenn einige Bernsteine am Strand zu finden sind, dann kann man sicher sein, dass noch sehr viel mehr im Wasser treiben. Hohe Gummistiefel, vielleicht sogar eine Wathose und ein Kescher gehören zur Ausrüstung des erfahrenen Bernsteinsammlers.

Zur Standardausrüstung gehört auch eine Harke, klein oder groß, um in angeschwemmten Tanghaufen rückenschonend suchen zu können. Näheres zur Ausrüstung folgt in einem Extrakapitel.

Auf großen Wattflächen läuft man unnütze Wege, wenn man eine Stelle doppelt oder dreifach besucht. Das merkt man meist an markanten Fundstücken wie z. B. einem toten Fisch, den man dann ein weiteres Mal sieht. Also: die Wege markieren, indem man mit dem Fuß Striche zieht oder seine Harke hinter sich herzieht und so eine Spur hinterlässt.

KESCHERN VON BERNSTEIN

Wie schon erwähnt, wird nur ein geringer Teil des Bernsteins an den Strand ge-schwemmt, der größte Teil bleibt im Wasser liegen. Sehen wir also angeschwemmten Bernstein an der Wasserkante und im Wasser treibend ein Algen-Tang-Sprockholz-Gemisch, dann lohnt sich das Keschern mehr als das Sammeln. Und es gibt den großen Vorteil: Die meisten haben keinen Kescher und sind auf den Spülsaum angewiesen.

Da der Bernstein in der kalten Jahreszeit zu finden ist, muss man sich trotz Wathose ent-sprechend vor dem kalten Wasser schützen: doppelte Hose oder Neoprenanzug. Auch für das Keschern gilt: Während des Sturms ist die Brandung zu stark. Der Wind sollte abgeflaut sein, das Wasser etwas ruhiger. Außerdem sollte auflandiger Wind herrschen, dann sammelt sich der Bernstein an der Küste.

Ich verwende einen großen Angelkescher, in den ich ein Netz mit 0,7 cm Maschenweite genäht habe. Die Oberseite des Keschers sollte gerade sein, um ihn dicht über den Boden ziehen zu können. Da das Netz gerade in diesem Bereich leicht abnutzt, schütze ich es durch Gummi: Ich schneide einen Gummischlauch längs auf, lege ihn um das Kescher-rohr und befestige ihn.

Das Bernstein Fischen mit Keschern hat eine alte Tradition an der Ostseeküste. Seit Jahr-hunderten trieb es die Männer nach heftigen Stürmen in die Wellen, um sich mit dem früher noch reichlich zu fischenden Bernstein ein Zubrot zu verdienen.

Keschern in der Bucht südlich der großen Mole von Blavand

BERNSTEIN HARKEN

Haben sich nach einem heftigen Sturm am Strand riesige Mengen an Tang und Seegras und Sprockholz aufgehäuft, dann schmerzen Rücken und Knie beim Sammeln schnell, wenn man sich ständig bückt oder kniet.

Eine langzinkige Harke tut da gute Dienste. Solch eine Harke benutze ich auch, um in Braunkohlegruben wie zum Beispiel damals in Bitterfeld Bernstein aus dem Boden zu harken.

BERNSTEIN SPÜLEN

Diese Methode wird sich nur wenigen technisch begabten Sammlern erschließen. Der Bau einer Spülausrüstung erfordert einige handwerkliche Kenntnisse. Außerdem gibt es nur wenige Stellen, wo es erlaubt ist, tiefe Löcher in den Boden zu spülen, um an den verborgenen Bernstein zu gelangen.

Zur Methode: Ein kräftiger Motor pumpt durch einen Feuerwehrschlauch Wasser in eine aus mehreren Teilen zusammensteckbare Lanze. Der starke Wasserstrahl spült sich senkrecht in das Erdreich. Wird eine Schicht erreicht, in der Bernstein vorkommt, merkt man es meist zuerst am hochgeschwemmten „Sprockholz", an schwarzen Holzstückchen verschiedener Größe, wie man sie auch am Strand im Spülsaum findet.

Transport: Ein leichter aber stabiler Aluminiumwagen mit großen Rädern (Eigenbau, in Kleinteile zerlegbar und in einem Kombi transportierbar) kann auch in unwegsamem Gelände gut bewegt werden.

Einsatz des Spülgerätes in der Braunkohlegrube Bitterfeld

Wo man Bernstein aus dem Boden spülen könnte, ersieht man aus dem Kapitel „Bernstein im Binnenland" und im Kapitel „Östliche Ostsee".

BERNSTEIN FISCHEN
Die Grundnetzfischer der Nordsee haben nicht selten einen wertvollen Beifang: Bernstein. Wenn das Grundnetz über den Boden gezogen wird, gerät der relativ leichte Bernstein ins Netz.

„BERNSTEIN ANGELN"
Kaum zu glauben, aber wahr: Ein Ostseefischer hat in gefangenen Dorschen nicht nur einmal einen Bernstein im Darm des Fisches gefunden. Dorsche sind gierige Räuber und verschlingen alles, was blitzt und blinkt – warum nicht auch einen Bernstein, der im Wasser treibt und bei schönem Sonnenschein leuchtet.

EINE SEHR AUSGEFALLENE METHODE, BERNSTEIN ZU FINDEN ODER GENAUER GESAGT, BERNSTEIN FINDEN ZU LASSEN
Fanö hat es uns angetan. Mindestens einmal im Jahr verbringen wir dort eine Woche, natürlich im Winterhalbjahr! Und jedes Mal auf Fanö reifte die Idee weiter, wenn ich den endlosen Strand entlang wanderte. Man müsste direkt nach Hochflut der einsetzenden Ebbe hinterherlaufen, die im Süden eine knappe dreiviertel Stunde eher beginnt als im

Norden. Aber 8 km mit suchendem Blick schafft man nicht in dieser kurzen Zeit. Weiter oben entlang der Dünen darf man mit dem Auto fahren. Sehnsüchtig blickte ich den Möwen hinterher, die am Horizont auftauchten und anscheinend ohne Kraftanstrengung an der Wasserkante entlang flogen, auf der Suche nach Futter. Und es hat doch

tatsächlich mir eine Möwe den Bernstein vor der Nase weggeschnappt. DAS WÄRE DIE LÖSUNG! Eine auf Bernstein abgerichtete Möwe! Ich sitze im Auto mit offenem Schiebedach und Futterbrocken, die Möwe fliegt an der Wasserkante, um Bernstein zu finden, den sie dann eilig am Auto gegen Futter eintauscht! Als Biologe weiß ich aber, dass Möwen erstens schlecht abzurichten sind, zweitens in Gefangenschaft schlecht gehalten werden können.

Ganz anders die Dohle Jakob! Ein gelehriger, neugieriger Vogel, gut an den Menschen zu gewöhnen. Als Jungtier schon lernte er schnell, auf dem Tisch aufgereihte Steine und Bernsteine auseinander zu halten – und nahm er aus Versehen doch einmal einen täuschend ähnlich aussehenden Stein auf, schleuderte er ihn in weitem Bogen vom Tisch. Auch die zweite Lernstufe stellte für Jakob keine Hürde dar: Zunächst auf der Terrasse, dann im Garten verstreute Bernsteine wurden in immer kürzerer Zeit ohne Verlust gefunden und eingesammelt – und das sogar ohne Belohnung.

Wir beide hatten enormen Spaß daran. Immer schwieriger wurden die Aufgaben, im-

mer perfekter der bernsteinsuchende Vogel. Gespannt wartete ich auf den ersten Einsatz an der Küste – und erwischte mich mal wieder dabei, dass ich hunderte Meter am Wasser gegangen war, ohne auf Bernsteine zu achten, und mich nur meinen kühnsten Träumen hingegeben hatte. Aber warum sollte es so nicht funktionieren?

4.2 Verwechslungen

> Zum Verwechseln ähnlich: Steine, Blasentang, Wellhornschnecke, Bauschaum, Apfelsine usw.

Auch der erfahrene Sammler lässt sich manchmal täuschen und greift nach einem vermeintlichen Bernstein. Es gibt verschiedene Objekte, die täuschend ähnlich wie Bernstein aussehen können, die so genannten „Blender".
Abgerundete Bruchstücke von gelbem Bauschaum, abgeschliffene gelbliche Glasscherben oder Plastikteile können auf den ersten Blick in die Irre führen, ebenso Apfelsinenschale.

Gelblicher Stein, genauer eisenschüssiges Quarz-Geröll (Quarz-Kieselstein): Hier möchte man doch zugreifen und einen 20-Grammer Bernstein in den Händen halten!

Bruchstücke vom gelbbraunen Blasentang können auf größere Entfernung einem Bernstein ähneln. Auch einzelne Eikapseln der Wellhornschnecke täuschen oft den Bernsteinsucher.

GEFÄHRLICHE VERWECHSLUNGEN: PHOSPHORSTÜCKE

Hoffentlich merkt man schnell, dass man keinen Bernstein in den Händen hält und kann den gefährlichen Fund wieder fallen lassen.

Phosphor ist eigentlich ein für das Leben wertvolles, unersetzliches Element, kommt in der Erbsubstanz vor und ist im ATP wichtig für die Energieversorgung unseres Körpers.

Weißer Phosphor aber ist hochgiftig und wurde im Krieg als Füllmaterial für Phosphorbomben verwendet. Außerdem stellten die Engländer im Zweiten Weltkrieg eine Mischung aus Phosphor und Kautschuk her, die als Kampfmittel eingesetzt wurde. Die bei Berührung entstehenden Wunden heilen sehr schwer. Noch heute werden solche Stoffe aus dem Meer an Land gespült und verursachen bei nichtsahnenden Touristen Verletzungen.

„Weißer Phosphor" auf Spülsaum

4.3 Eigenschaften des Bernsteins – Wie erkenne ich Fälschungen?

Damit ich Verwechslungen vermeiden kann und nicht auf Fälschungen hereinfalle, muss ich die Eigenschaften des Bernsteins genau kennen. Bernstein hat Eigenschaften, die in dieser Kombination bei keinem anderen Material zu finden sind.

> Bernstein prüfen: Geruchstest, Elektrostatik, Verwitterung, Salzwassertest, Sternhaare, Verlumung, Acetontest

Seit altersher ist bekannt, dass Bernstein brennt. Im Niederdeutschen heißt brennen „börnen" und Stein „Steen", also „Börnsteen" = Brennstein, daraus wurde dann (falsch übersetzt) Bernstein.

Im Altdeutschen hieß der Bernstein „Agtstein" oder „Ait Stein", vom Altdeutschen Verb „aiten" = brennen. Im Holländischen heißt Bernstein „Barnsteen" oder „Brandsteen", im Schwedischen „Bärnsten", im Polnischen „Bursztyn" usw., also überall dieselbe Bedeutung.

Die Römer nannten den Bernstein „electrum", die Griechen „electron":
Reibt man Bernstein auf Wolle, dann kann man Watte oder einen kleinen Papierschnipsel damit aufheben, er wird elektrostatisch angezogen.

EIGENSCHAFTEN DES BERNSTEINS

Die **Härte** beträgt 2–3 auf der 10-teiligen Mohsschen Härteskala, es handelt sich also um ein recht weiches Material, das sich gut mit einfachen Mitteln bearbeiten lässt (schleifen, bohren, sägen).

Die **Dichte** liegt zwischen 1,05–ca. 1,1 Gramm pro Kubikzentimeter. Bei starkem Bläschengehalt (oder beim Knochenbernstein) kann die Dichte sogar unter 1 sinken und damit schwebt dieser Bernstein im Wasser oder treibt sogar auf. Je salziger das Wasser, desto schwerer ist es und umso leichter ist der Bernstein im Vergleich zum Salzwasser. Je kälter das Wasser, desto größer seine Dichte. Seine maximale Dichte erreicht das Wasser bei exakt 4 Grad Celsius, weshalb der Bernstein unter diesen Bedingungen im Verhältnis am leichtesten ist und am besten aus dem Wasser an den Strand gespült werden kann – Winterzeit!

Schmelzpunkt: Einen richtigen Schmelzpunkt besitzt Bernstein nicht. Bei ca. 170 Grad Celsius wird er schon weich und formbar, so dass man aus Bernsteinresten Pressbernstein herstellen kann. Oberhalb von 300 Grad schmilzt der Bernstein und zersetzt sich dabei, kann also nicht wieder zu richtigem Bernstein abkühlen.

Bernstein enthält viele **flüchtige Bestandteile**, ätherische Öle usw., die im Laufe der Millionen Jahre z.T. heraus gedunstet, aber immer noch im Bernstein vorhanden sind.

Deshalb riecht Bernstein beim Schleifen so angenehm harzig, ein Indiz für Naturbernstein. Gepresster Bernstein, erhitzter Bernstein, autoklavierter Bernstein riecht beim Schleifen viel weniger bis gar nicht, weil flüchtige Stoffe entwichen sind.

Der **elektrische Widerstand** ist sehr hoch. Deshalb wird der Baltische Bernstein auch heute noch als Isolator in Spezialgeräten eingesetzt, meist wird dafür Pressbernstein benutzt.

Bernstein verhält sich **elektrostatisch**: Etwas an Wolle gerieben, lädt sich der Bernstein elektrostatisch auf und zieht z.B. Wattebäuschchen oder Papierschnitzel an. Wohl aus dem Wissen über solche

Experimente heraus schlugen dann Stoney und Helmholtz den Namen „Elektron" für eine postulierte einheitliche „elektrische" Elementarladung vor.

Bei **UV-A-Bestrahlung** (also „Schwarzlicht" mit einer Wellenlänge zwischen 315 und 380 nm, das auch in der Disco verwendet wird) leuchtet Naturbernstein ohne Verwitterungskruste etwas bläulich, älterer Bernstein leuchtet eher olivgrün. Es gibt Bernsteinarten, wie einige Dominikanische Bernsteine, die unter Schwarzlicht intensiv blau leuchten.

Die **Infrarotspektroskopie** lässt eine sichere Unterscheidung zwischen Succinit (dem „normalen" Baltischen Bernstein) und anderen fossilen Harzen zu. Die mit dieser Methode gewonnenen IR-Spektren sind für jede Harzart verschieden und stellen sozusagen ihren Fingerabdruck dar.

Löslichkeit: Bernstein ist weitgehend beständig gegen organische Lösungsmittel, ein Riesenvorteil für den Bernsteinsammler. Benzin, Lösungsmittel, Benzylbenzoat usw. hinterlassen auch nach vielen Stunden Einwirkungszeit keine sichtbaren Spuren. Auch starke Säuren wie z. B. 50 %ige Schwefelsäure und starke Laugen bleiben auch bei längerer Einwirkungsdauer ohne Einfluss auf den Bernstein.

Beständigkeit: Farbveränderungen, „Krakel"-Bildung = Risse auf Oberfläche, Verwitterungsrinde, Alterung sind Stichworte zu diesem Thema und kommen in dieser Form nur beim Bernstein vor.

> Mit diesem Wissen fällt es nun leicht, Bernstein zu erkennen!

1. Geruchstest

Immer wieder, wenn ich Rohbernstein schleife, bin ich fasziniert von seinem Geruch. Einige schnelle, kräftige Schleifbewegungen auf dem groben Vorschliffpapier und schon werden ätherische Öle freigesetzt, ein Geruch fast wie im sommerlichen Kiefernwald. Auch beim schon fertig polierten Naturbernstein tritt dieser Effekt auf, wenn man ihn weiter schleift. Hitze- und druckbehandelter Bernstein zeigt diesen Geruch kaum noch.

Bernstein brennt und riecht beim Anzünden aromatisch harzig, Plastik stinkt!

Nun muss man nicht gleich sein fragliches Stück verbrennen, um die Echtheit zu testen. Eine mit dem Feuerzeug an der Spitze zum Glühen gebrachte Nadel kann an einer „unschädlichen" Stelle (z. B. bei Schmuckstücken in der Bohrung) an den Bernstein gehalten werden, während man gleichzeitig schnuppert. Einfach mal ausprobieren, etwas Erfahrung braucht man allerdings. Der erfahrene „Schnupperer" lässt die Feuerzeugflamme nur über den Bernstein streichen und erkennt ihn sofort am Geruch.

2. Elektrostatik

Bernstein lädt sich beim Reiben an Wolle statisch auf und zieht Papierschnitzel an. Achtung: Auch einige Plastiksorten zeigen ansatzweise ähnliche Eigenschaften.

3. Verwitterungsspuren

Alternder Bernstein zeigt auf der Oberfläche krakelige Risse (als wenn lehmiger Boden trocknet und aufreißt), Plastik nicht. Das ist anfangs nur bei großer Vergrößerung zu erkennen, mindestens 10-fach-Lupe benutzen! Alternder Bernstein hat eine „Patina" bekommen, d.h. ist stark nachgedunkelt. Bernsteinfarbener Kunststoff zeigt diese Alterung nicht.

4. Salzwassertest

Bernstein ist leichter als Plastik und schwimmt oder schwebt in Salzwasser bestimmter Konzentration: 15 g Salz in einer Tasse Wasser lösen (100 ml), 150 g Salz auf ca. 1 Liter Wasser. Ich habe auf meinen Streifzügen über Floh- und Antikmärkte immer ein kleines Gefäß mit Salzwasser dabei, ein zweites mit klarem Wasser zum Spülen und einen Lappen zum Abtrocknen. So habe ich schon so manche vermeintliche Bernstein-Zigarettenspitze als Plastik-Spitze entlarvt.

Vergleichbar mit einem Galilei-Thermometer kann man sich ein Bernstein-Thermometer schaffen. Die Salzwasserkonzentration kann zum Beispiel so gewählt werden, dass der Bernstein bei angenehmer Zimmertemperatur von 22 Grad auf den Boden sinkt, bei 21 Grad dann aufsteigt.

Galilei-Th. 18° 20° 22° 24°

Bernsteinthermometer

5. Pressnähte

Auch „Pressbernstein" (oder autoklavierter Bernstein), der Echter Bernstein ist, hat nie Pressnähte, wie man sie bei gefälschten bernsteinfarbenen Plastikkugeln oder gefälschten Perlen findet.

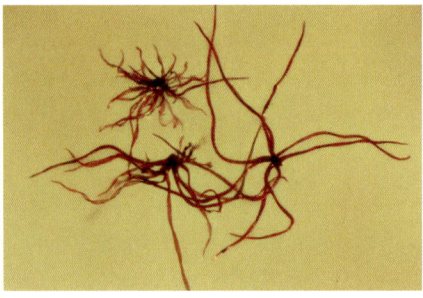

Sternhaare

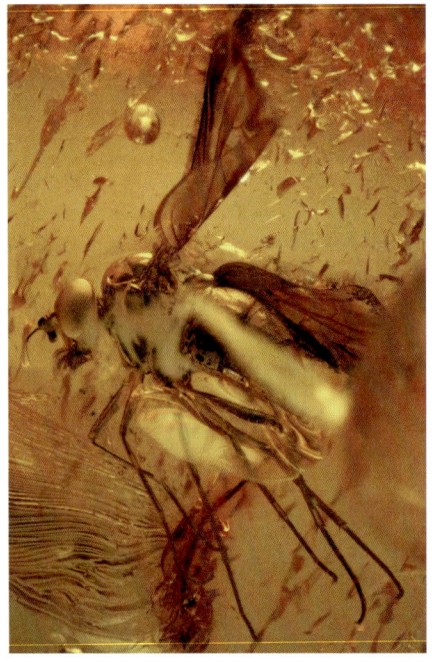

Verlumte Fliege

6. Sternhaare

Sternhaare der Eiche (sternförmig ausgebildete Pflanzenhaare) kommen in dieser Form nur im Baltischen Bernstein vor.

7. Verlumungsspuren

Sind im Bernstein Einschlüsse enthalten, dann betrachte ich beide Seiten. Sind auf der einen Seite des Insekts Verlumungen (weißliche milchige Stellen, die durch feinste Bläschen hervorgerufen werden) zu erkennen, dann ist es ganz sicher Bernstein.

8. Acetontest

Man taucht ein Wattebäuschchen o. ä. in Aceton (Nagellackentferner) und reibt damit auf der Oberfläche des Bernsteins. Er darf nicht schmieren oder sich lösen! Bernstein ist gegenüber Aceton resistent, junge Harze wie Kopal oder die meisten Kunstharze nicht, sie werden angelöst und schmieren!

9. Entscheidung am Strand

Stein oder Bernstein? Bei größeren Stücken merkt man es schon am Gewicht, bei kleineren Stücken: An die Zähne klopfen oder an den Zähnen reiben. Ein Stein „klackt" hart und es fühlt sich sehr unangenehm an, Bernstein dagegen erscheint weich.

FÄLSCHUNGEN

Die meisten Fälschungen werden mit bernsteinfarbenem Kunstharz hergestellt, sowohl große „Bernsteine" als auch Einschlüsse im „Bernstein". Manchmal weist die Bezeichnung „Wie Bernstein" darauf hin, dass es sich nicht um echten Bernstein handelt. Gerade im Internet, wo man nur anhand von Fotos und Beschreibungen kauft, ist die Gefahr groß, auf Fälschungen hereinzufallen. Der Preis kann Hinweise geben: Wird ein Großbernstein für unter 1 Euro das Gramm angeboten, dann Vorsicht! Wird ein seltener Einschluss wie z. B. ein Skorpion oder eine Eidechse oder eine große geflügelte Heuschrecke unter 1 000 Euro angeboten, dann kann heutzutage davon ausgegangen werden, dass irgendetwas nicht stimmt.

Einschlüsse können so geschickt gefälscht werden, dass selbst der Kenner auf den ersten Blick, nur ausgerüstet mit einer Lupe, darauf hereinfallen kann. Beispiel: Auf einen oben leicht konkav gewölbten echten Bernstein wird ein bernsteinfarbenes Kunstharz aufgetragen, worin ein Insekt eingebettet ist. Solch Fälschung ist am einfachsten mit dem Salzwassertest zu entlarven. Interessanterweise dreht sich der Bernstein im Salzwasser so um, dass die Kunstharzseite nach unten zeigt und geht dann unter; Kunstharz ist schwerer als Bernstein! Auch der Test mit der heißen Nadel hilft: Kunstharz stinkt und riecht nicht harzig aromatisch.

Großbernstein-Fälschung

Fälschung eines Einschlusses

4.4 Bernstein – Begriffsbestimmung

> Naturbernstein, Modifizierter Bernstein, Verbundener Bernstein

NATURBERNSTEIN

Ist natürlich belassener Bernstein, der keinen chemischen oder physikalischen Veränderungen unterworfen wurde. Er hat seine ursprüngliche Farbe und Konsistenz behalten und ist nur mit mechanischen Mitteln bearbeitet worden (Schleifen, Schneiden, Trommeln, Polieren usw.). Naturbernstein riecht beim Schleifen aromatisch harzig, weil dabei u. a. ätherische Öle freigesetzt werden.

ECHTER BERNSTEIN

Ist Bernstein, dem keine weiteren Zusätze zugegeben wurden, der also ausschließlich ursprünglichen Naturbernstein als Ausgangsmaterial hatte, dann aber behandelt wurde. Begriffe, die zu „Echtem Bernstein" passen sind geklärter bzw. erhitzter oder gekochter Bernstein, autoklavierter Bernstein, Pressbernstein. Bei diesen Bernsteinen haben sich viele Inhaltsstoffe verflüchtigt und sie riechen beim Schleifen nicht mehr so aromatisch harzig.

GEKLÄRTER BZW. ERHITZTER ODER GEKOCHTER BERNSTEIN

Bei dieser Methode wird Bernstein im Ölbad oder im Backofen so weit erhitzt, dass er Trübungen ganz oder teilweise verliert. Der Bernstein wird dabei ab 150 Grad Celsius zwischenzeitlich weicher, bekommt nach Abkühlung aber seine Festigkeit wieder. Im Backofen erhitzter Bernstein bekommt manchmal bei bestimmter Temperatur sogenannte „Sonnenflinten", auch „Blitzer" oder „Goldene Blättchen" genannt.

PRESSBERNSTEIN, AUCH REKONSTRUIERTER BERNSTEIN GENANNT

Bernsteinreste, Bernsteinpulver, kleinere Bernsteine können in einem speziellen Gerät so stark zusammengepresst werden, dass sie bei diesem starken Druck und entstehender Hitze zu einer einheitlichen Bernsteinmasse verschmelzen. Es entstehen Bernsteinstäbe oder Bernsteinplatten, aus denen man dann z. B. Perlen drehen oder Zigarettenspitzen fertigen kann. Auch in der Elektroindustrie fand Pressbernstein als Isolator Verwendung. Voraussetzung für Pressbernstein einheitlicher Farbe ist ein gutes Vorsortieren nach Farbe und Entfernen von Verunreinigungen, Krusten usw.

Pressbernsteinmaschine

Pressbernsteinstäbe

AUTOKLAVIERTER BERNSTEIN

In einer Autoklave kann ein sehr hoher Druck aufgebaut werden, dabei entsteht auch große Hitze. Industriell werden Autoklaven z. B. zum Sterilisieren von chirurgischen Bestecken verwendet.

Für das Autoklavieren von Bernstein benutzt man Drucke um 25 atm. Der Bernstein wird zwischenzeitlich so weich, dass Luftbläschen entweichen können und trüber Bernstein klar wird (geklärter Bernstein). Auch Risse und Flinten können verschwinden. Nach dem Abkühlen hat der Bernstein eine höhere Festigkeit, aber auch eine andere Farbe. Bestimmte Grau- und Grüntöne entstehen nur durch diese Methode und diese Farben gibt es bei Naturbernstein nicht. In der Schmuckindustrie ist der autoklavierte Bernstein sehr beliebt, weil er zum einen sehr klar

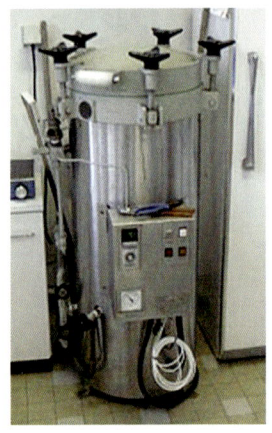

Autoklave

ist, zum anderen bestimmte gewünschte Farben bekommen kann und nicht zuletzt ist der autoklavierte Bernstein viel fester und dadurch besser zu bearbeiten.

MODIFIZIERTER BERNSTEIN
Dieses ist ein neuerer Begriff der Schmuckbranche und fast alle behandelten Bernsteine zusammen, die keine Naturbernsteine mehr sind, aber keine anderen Zusätze enthalten.

VERBUNDENER BERNSTEIN
Kleinere Bernsteine können durch bernsteinfarbiges Kunstharz verbunden, d.h. zusammen geklebt werden. Daraus werden dann Kugeln, Eier, aber auch Schmuck hergestellt.

„Echt Bernstein" ist ein schwammiger Begriff, der nur aussagt, dass Bernstein in irgendeiner Form enthalten ist.

Fälschungen aus reinem bernsteinfarbenem Kunstharz tragen manchmal die Bezeichnung **„Wie Bernstein"**.

GESETZ ZUM SCHUTZ DES BERNSTEINS
Dieses Gesetz wurde im Reichsgesetzblatt Nr. 48 im Jahre 1934 geschaffen und schützt den Begriff Bernstein. Ein Produkt aus Bernstein darf demnach keine nachahmenden Zusätze enthalten. Diese Gesetz überdauerte bis in Bundesrepublik und wurde erst im Jahre 2005 überarbeitet, um dann 2006 aufgehoben zu werden. Auf ein spezielles Gesetz zum Schutz des Begriffs Bernstein konnte verzichtet werden, weil an anderer Stelle Regelungen geschaffen wurden (z.B. in der CIBJO).

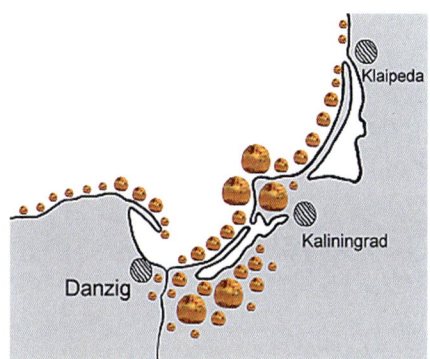

5 Bernsteinvorkommen

5.1 Der Ostseeraum

5.1.1 Östliche Ostsee

Die Hauptlagerstätte des Bernsteins und die auch weltweit ergiebigste Bernsteinlagerstätte befindet sich in der sogenannten Blauen Erde von **Jantarny bei Kaliningrad** (das frühere Palmnicken bei Königsberg), ein graugrünes Glaukonit haltiges Sediment mit einigen Kilogramm Bernstein pro Kubikmeter. Hier werden im Tagebau jedes Jahr einige hundert Tonnen Bernstein gefördert.

> Die Blaue Erde von Jantarny ist der Ursprung des Baltischen Bernsteins.

Der Bernstein-Tagebau von Jantarny (Palmnicken)

Strand von Jantarny

Wie vorne schon beschrieben, lagert der Bernstein dort in über 30 m Tiefe, zur Ostsee hin in nur 8–10 m Tiefe und in der Ostsee erreicht die Blaue Erde sogar den Meeresgrund. Auf der vorne abgebildeten Karte mit dem Bernsteinfluss Eridanos sehen wir den Fächer des Flussdeltas und können daraus auf die Verteilung des Bernsteins in den damaligen Meeressedimenten schließen.

Die ergiebigste Bernsteinausbeute kann man logischerweise an der Küste in der Nähe von Jantarny machen. Ein Grund dafür ist daraus abzuleiten, dass der Bernstein aus der Blauen Erde gewaschen wird. Mit großen Wasserwerfern wird ein Bernstein-Schlamm-Gemisch hergestellt, das ins Kombinat gepumpt wird. Dort wird der Bernstein aussortiert und der Restschlamm über ein Rohrsystem in die Ostsee gepumpt. So mancher Bernstein, vor allem kleinere Bernsteine, finden so den Weg ins Wasser und werden mit den Wellen wieder an Land gespült. Nur so sind Spülsäume diesen Ausmaßes zu erklären.

Der Urlauber und Sammler sollte aber bedenken, dass die Einheimischen mit dem Bernsteinsammeln ein Zubrot verdienen und es nicht gerne gesehen wird, wenn jemand ihnen die Bernsteine vor der Nase wegsammelt. Auf keinen Fall einen einheimischen Sammler überholen und versuchen, vor ihm die größeren Bernsteine zu ergattern. Dann besser die Nachlese machen und versuchen, den Einheimischen ein paar Bernsteine abzukaufen.

Der Sammler wird kaum die Möglichkeit haben, Bernstein aus der Blauen Erde zu graben. Es gibt aber bei Zelenogradsk (dem ehemaligen Cranz) illegale sogenannte Gräberfelder, auf denen nach den Schollen Blauer Erde gegraben wird. Davon ist dringend abzuraten.

Die Hauptströmung verläuft an der Ostseeküste von West nach Ost und trägt Sande und Bernstein mit sich. So sind auch die langen Nehrungen entstanden (die sogenannte Ausgleichsküste). Deshalb findet man nördlich und nordöstlich der Hauptlagerstätte relativ viel Bernstein: Nordküste der Enklave Kaliningrad, entlang der Kurischen Nehrung und an der litauischen Küste bis Palanga. Weiter nach Norden Richtung Lettland nehmen die Funde schnell ab. Das liegt u. a. daran, weil der Salzgehalt in der östlichen Ostsee immer geringer wird und der Bernstein fest auf dem Boden liegt.

Gehen wir von Jantarny Richtung Süden und Südwesten bis auf die Frische Nehrung, nehmen die Bernsteinfunde zwar leicht ab, sind meist aber immer noch gut. Erst im Mündungsgebiet der Weichsel hören die Bernsteinfunde auf, was wiederum am Süßwasser liegt, das die Weichsel in die Ostsee entlässt. So brauchen wir in der südlichen Danziger Bucht nicht nach Bernstein zu suchen. Erst auf der Halbinsel Hela und der westlich anschließenden Nordküste Polens ist bei Nord- und Nordostwinden wieder gut Bernstein zu finden. Ganz allgemein kann man sagen, dass die Bernsteinfunde in Richtung Westen stetig abnehmen.

5.1.2 Mittlere Ostsee

Um die Odermündung herum ist wegen des Süßwassereinflusses in die Ostsee wenig Bernstein zu finden, östlich die polnische Küste entlang gibt es zunehmende Bernsteinfunde, ebenso nach Westen auf der Insel **Usedom**:

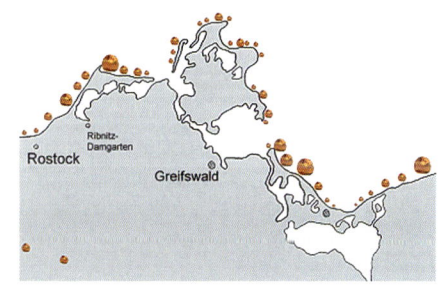

Unter dem Streckelsberg bei Koserow, einer über 50 m hohen Kliffranddüne, liegt ein ergiebiges Bernsteinvorkommen, das sich wahrscheinlich im Oligozänmeer durch zusammengeschwemmten eozänen Bernstein bildete. Diese linsenartige Anhäufung von Bernstein liegt im Strandbereich ca. 5 m unter dem Sand, erreicht in der Ostsee aber den Meeresgrund. Deshalb wird bei starken Stürmen immer wieder Bernstein frisch aus dem Untergrund freigelegt und am Usedomer Strand angespült. Wasserlanzenspüler hatten vor vielen Jahren noch eimerweise Bernstein gewonnen. Wir sehen auf dem Foto diese Stelle, vom schwarzen Sprockholz noch dunkel gefärbt.

An der ganzen Nordostküste von Usedom können wir bei nordöstlichen Winden Bernstein finden. Auf der Nordwestseite und direkt in der Peenemünder Bucht ist kein Bernstein zu finden. Der mittlere Bereich von Usedom ist Abtragungsküste und bei Koserow durch viele Holzbuhnen geschützt, Richtung Peenemündung ist Anlandungsküste. Zwischen den Buhnen verfängt sich bei Nordostwinden reichlich Bernstein, wird aber nicht so weit an den Strand geworfen, wie bei ungeschützten Küstenabschnitten. Deshalb ist gerade im Bereich der Buhnen das Keschern angesagt.

Wasserlanzenspüler haben schwarzes Holz empor gespült

Holzbunen bei Koserow

Zwischen Freesendorf und Loissin werden ab und zu bei nördlichen und nordwestlichen Winden kleinere Bernsteinfunde gemacht. Im Greifswalder Bodden und westlich bis zum Süden der Insel Rügen ist kein Bernstein zu erwarten. Auf **Rügen** sind Bernsteinfunde nur an der Ost- und Nordküste möglich, angefangen von Sellin nordwärts über Sassnitz, Lohme, Glowe, die Schaabe entlang, um das Kap Arkona herum, dann abnehmend bis zur Küste nördlich von Dranske.

Der gesamte Boddenbereich westlich von Rügen und östlich von Hiddensee ist nahezu ohne Bernstein.

Auf der **Insel Hiddensee** finden wir Bernstein sowohl lose am Strand der Westküste, nach Norden hin zunehmend, als auch im Geschiebemergel als eiszeitliche Ablagerung im Nordwesten der Kliffküste. Da die Westküste in nordnordwestlicher Richtung verläuft, stehen die Winde besonders häufig günstig, denn die Westwindlage oder Nordnordwest-Windlage ist die häufigste.

Die Nordküste der **Halbinsel Zingst** beschert uns bei nördlichen bis nordöstlichen Winden immer wieder reichlich Bernstein. Leider ist die Küste ganz im Osten von Zingst bis hin zum Großen Warder Naturschutzgebiet und das Befahren ist verboten. Die Küste zu Fuß abzulaufen erfordert reichlich Kondition, denn von Zingst bis zum Großen Warder sind es mehr als 10 km.

Darß vor dem Nothafen

Westlich schließt sich der **Darß** an, an dessen Nordküste wir ebenfalls bei nordöstlichen Winden reichlich Bernstein finden können. Vor allem in der Bucht Richtung Hafen häufen sich nach Nordoststürmen die Tang- und Seegrasberge, in denen sich so mancher Bernstein versteckt. Nordwestlich des Hafens um die Darßspitze herum bis einige hundert Meter nördlich des Leuchtturmes vom Darßer Ort ist Kernzone des Naturschutzgebietes, das Betreten ist verboten. An der Westküste des Darß und von **Fischland**, angefangen vom Leuchtturm Darßer Ort im Norden bis Dierhagen im Süden ist bei nordwestlichen Winden Bernstein zu finden. Vor allem im Bereich der Bunen wie zum Beispiel bei Ahrenshoop sammelt sich Bernstein in den Buhnenbuchten.

Bunen bei Ahrenshoop

Sowie der Wind zu sehr zunimmt oder auf Westen dreht, entsteht eine starke Strömung entlang der Küste und treibt den Bernstein fort.

Interessant sind die Zeiten, in denen im Bereich von Fischland **Sandaufspülungen** vorgenommen werden, um den bei Herbst- und Winterstürmen verloren gegangenen Sandstrand wieder aufzufüllen. Da werden vom Saugbagger aus dem vorgelagerten Meeresgrund manchmal Bernsteinnester mit aufgesogen und an den Strand gespült – das Bernsteinfieber bricht aus.

5.1.3 Westliche Ostsee

Zwischen Graal-Müritz, an der **Küste vor Rostock** bis hin nach Diedrichshagen gibt es wenig Bernstein zu finden. Zwischen Diedrichshagen über Heiligendamm bis zur Halbinsel westlich des Ostseebades Rerik wird ab und zu Bernstein gefunden, dann erst wieder an wenigen Stellen im Norden der Insel Poel, ebenso zwischen Boltenhagen und Groß Schwansee.

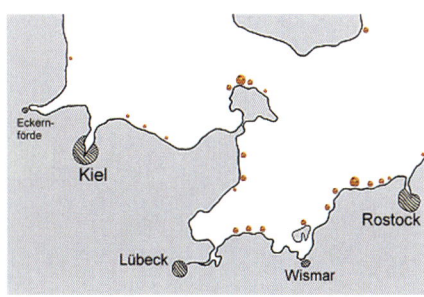

Die Fischer der Insel Poel bringen immer wieder größere Bernsteine von ihren Fangreisen mit, die bis Bornholm gehen. Wir sehen hier einen 1 280 g schweren wunderschönen Bernstein, den Lili Marleens Opa 1972 beim Grundnetzfischen auf Plattfische aus dem steinigen Beifang barg.

Die gesamte Lübecker Bucht ist mehr oder weniger bernsteinfrei. Kleinere Funde sind nördlich von Dahme an der Ostküste bis Großenbrode möglich.

Lili Marleen mit 1 280-Grammer

Auf der **Insel Fehmarn** werden immer wieder schöne Funde gemacht, vor allem bei Nordostwinden auf der östlichen Seite der großen Mole von Puttgarden und bei Nordwinden auf der westlichen Seite der Mole von Puttgarden. Von Anglern, die mit ihren Wathosen im Frühjahr im Wasser nördlich des Niobedenkmals nach Meerforellen fischen, hörte ich mehrfach, dass sie mit ihren Keschern Bernsteine im flachen Wasser geborgen haben. Nie hörte ich von Bernsteinfunden aus Fehmarns Westen und von der Hohwachter Bucht. Von vereinzelten Funden zwischen den Campingplätzen Waldesruh und Ostseestrand und am Schönberger Strand berichteten mir Camper. Einen Ausnahmefund machte ein Urlauber bei Damp, der im Winter 2008 drei schöne Bernsteine fand.

Grundsätzlich kann man sagen, dass die Bernsteinfunde an der Ostsee stark abnehmen, je weiter man nach Westen kommt. Ebenso nehmen die Funde nach Norden hin stark ab, so dass man nördlich von Kiel und an der Ostküste Dänemarks praktisch keinen Bernstein mehr findet.

Auf Seeland, der Insel, auf der auch Kopenhagen liegt, werden ab und zu im Südosten Bernsteine gefunden. Das geschieht aber genauso selten wie an der Südküste Schwedens.

Bei Baggerarbeiten im Kopenhagener Hafen förderte man einige Kilogramm Bernstein zutage. Dieser Bernstein liegt aber tief im Erdreich verborgen und stammt nicht direkt aus der Ostsee. Er ist über das Alnarptal dorthin gelangt, eine nördliche Entwässerungsrinne des Baltischen Urstromsystems, die quer durch das heutige Südschweden nach Westen zog. Die Schweden nennen dieses längst verschüttete Tal Bärnstensfloden, was Bernsteinstrom bedeutet.

5.2 Der Nordseeraum

5.2.1 Deutsche Küste

Viel Bernsteinmaterial wurde über das Urstromtal der Elbe in die Nordsee geschwemmt. Folgerichtig findet man in der Nähe der Elbemündung am meisten Bernstein, nach Norden hin abnehmend. Richtung Westen nehmen die Funde viel schneller ab, da an der südlichen Nordseeküste eine West-Ost-Drift besteht.

OSTFRIESISCHE INSELN

Die meist sandstrandigen Nordküsten von Wangerooge, Spiekeroog, Langeoog, Baltrum, Norderney und Juist sind auf der Nordostseite anscheinend fündiger als auf der Nordwestseite. Wahrscheinlich, weil erstens der Strand dort seich-

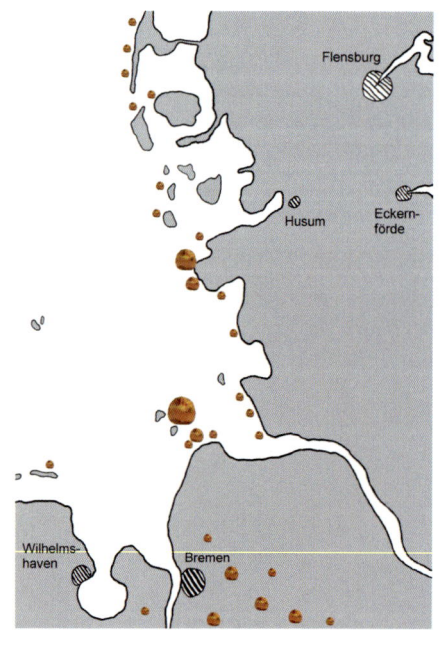

ter ins Wasser abfällt und der Bernstein besser liegen bleiben kann, zweitens, weil sich durch die westliche Strömung dort Verwirbelungen bilden. Zwischen den Inseln herrscht eine starke Ebbe-Flut-Strömung, so dass kein Bernstein liegen bleiben kann. Größere Fundmengen gibt es leider selten.

Insel Baltrum

NEUWERKER WATT

Das Watt vor der kleinen Insel Neuwerk, direkt an der Elbmündung gelegen, brachte fast immer gute Funde. Da die Fahrrinne der Elbe regelmäßig ausgebaggert wird und die großen Schiffe immer für starkes Aufwühlen des Untergrundes sorgen, wird auch ständig neuer Bernstein aus dem Meeresboden freigelegt, der dann bei Ebbe auf den ausgedehnten Wattflächen abgesucht werden kann. Leider haben einige Bernsteine ab geplatzte Stellen, ein eindeutiges Zeichen dafür, dass sie in den Saugbagger gerieten und durch die Kreiselpumpe beschädigt wurden.

> Die Hauptfundstellen: Elbebucht und die Halbinsel Eiderstedt

Der konditionsstarke Sammler kann bei tageszeitlich günstig gelegenen Tiden sogar zweimal pro Tag ins Watt gehen: Abmarsch einmal früh morgens im Dunkeln, um die Ebbe kurz nach Sonnenaufgang zu nutzen, und ein zweites Mal abends bei Rückkehr ebenfalls im Dunkeln. Es ist ein unglaubliches Gefühl, das anfangs dunkel wirkende Watt zu durchschreiten, das dann aber immer heller wird, je mehr sich die Augen an die Dunkelheit gewöhnt haben. In der Ferne sieht man die Lichter eines Containerriesen vorbeiziehen, vereinzelt schreit schon mal eine Möwe, ansonsten Stille im Watt – und dann geht irgendwann die Sonne auf.

In der Ferne am Horizont eine Leuchtbarke, unsere Orientierung bei guter Sicht.

Aber Vorsicht:

Nur der ortskundige erfahrene Wattgänger sollte sich bis an die besonders fündigen Stellen an der Fahrrinne trauen. Solch ein viele Kilometer langer Weg durch das Watt und über mehrere Priele birgt seine Gefahren. Bei aufkommendem Seenebel (auch bei bestem Sonnenscheinwetter manchmal innerhalb einer halben Stunde aufziehend) oder trübem Wetter oder Regen sieht man die Insel Neuwerk dann nicht mehr und findet nur schwer den Weg zurück über die vorher durchquerten Priele. Spätestens eine halbe Stunde vor beginnender Flut sollte man an den Rückweg denken. Eine halbe Stunde zu spät den Rückweg angetreten, kann das Leben kosten, denn die Priele laufen mit starker Strömung schnell voll.

Auf jeden Fall Handy und Kompass mitnehmen, am besten GPS, und vorher üben, damit man ohne Sicht nur mit den Hilfsgeräten den Weg zurück finden kann.

Der Wind spielt hier im Watt eine ganz andere Rolle als an der „normalen" Ostsee- und Nordseeküste. Während dort auflandiger Wind herrschen sollte, ist das Bernsteinsuchen im Watt bei ablandigem Wind, d.h. hier bei Neuwerk bei östlichen Winden, am erfolgreichsten. Der stete Ostwind treibt das Wasser aus der Elbebucht und größere Wattflächen werden bei Ebbe freigelegt.

Bei dieser Wetterlage konnten meine Frau und ich bei einem 3-Tages-Besuch auf Neuwerk den Rekordfund von 1,6 kg Bernstein sammeln, darunter einen Viertelpfünder und einen Halbpfünder.

Dagegen drückt Nordwestwind das Wasser in die Bucht. Bei starkem Nordweststurm kann es so weit kommen, dass gar kein Watt mehr freigelegt wird.

3-Tages-Ausbeute mit Viertel- und Halbpfünder

Verstärkt wird dieses Phänomen noch, wenn die Elbe durch Regenfälle im Bereich des Elbeverlaufes viel Wasser führt. Dann fahren auch die Wattwagen nicht mehr von Sahlenburg nach Neuwerk. An Zu-Fuß-Gehen ist erst recht nicht zu denken, es verbleibt nur die Möglichkeit der Fähre von Cuxhaven aus.

Hier sehen wir, dass die Wattwagen bis an die Grenze des Möglichen gehen.

ELBMÜNDUNG

An der Elbe selbst ist nur selten Bernstein zu finden. Ein Grund liegt darin, weil sie Süßwasser führt und das spezifische Gewicht des Wassers damit geringer ist als das des Salzwassers. Folglich treibt Bernstein auch bei bewegtem kaltem Wasser nicht auf. Ein weiterer Grund liegt in der starken Strömung, die den Bernstein hinaus ins Meer zieht. So finden wir erst in der Nähe der Elbmündung Bernstein. Kleinere Funde kenne ich aus dem Watt nordwestlich von Cuxhaven, nördlich von Sahlenburg. Von der Wanderstrecke zur Insel Neuwerk auf knapp halber Strecke muss man nordnordöstlich laufen und erreicht fündige Wattflächen. Die oben genannte Vorsicht ist hier geboten!

Auf der Nordseite der Elbmündung beginnen die fündigen Stellen nordwestlich von Rugenort, an Stellen, die kein Schlickwatt haben. Größere Mengen werden hier aber ganz selten gefunden.

Spülfelder:

Zumindestens erwähnen möchte ich die Spülfelder im Bereich der Elbe. Sowohl im Hamburger Hafen als auch im Elbeverlauf und in der Elbemündung muss ständig Schlamm ausgebaggert bzw. ausgesaugt werden, um die für die Schifffahrt erforderliche Wassertiefe zu erhalten. Das sind viele Millionen Kubikmeter pro Jahr, die auf speziell angelegten Spülfeldern abgelagert werden (Beispiel: das riesige Spülfeld Francop). Diese Spülfelder haben zwar einen Ablauf, es darf aber keine starke Strömung entstehen, weil sonst die Sedimente wieder in die Elbe hinaus getragen würden. So kann sich im Schlamm enthaltener Bernstein gut ablagern. Auf oberflächlich schon getrockneten Spülfeldern kann man Bernsteine glitzern sehen. Aber Achtung: Erstens ist es streng verboten, Spülfelder zu betreten, zweitens ist es lebensgefährlich. Oberflächlich erscheint das Sediment trocken, darunter befindet sich noch metertiefer Schlamm, in dem man versinken kann! Deshalb muss vom Besuch von frischen Spülfeldern abgeraten werden, auch wenn man ausnahmsweise eine Erlaubnis bekommen sollte.

DIE WESTLICHE KÜSTE UND DIE NORDFRIESISCHEN INSELN

Die Küste der Nordsee mit ihrem Watt ist riesig. Aber nur an wenigen Orten findet man Bernstein. Befinden sich ausgedehnte Schlickwattflächen vor dem Marschland, ist das Suchen nach Bernstein meist zwecklos. An einigen Küstenstreifen gibt es aber vorgelagerte Sandbänke, die manchmal sogar Verbindung zum Festland haben. Das sind erfolgsversprechendere Orte, wie zum Beispiel vor **St. Peter Ording auf der Halbinsel Eiderstedt**.

Bei Ebbe kann man auf die weiten parallel zur Küste verlaufenden Außensände gehen und hat reichlich Fläche zum Suchen. Die fündigeren Küstenabschnitte beginnen südlich der Pfahlbauten und dann einige Kilometer nach Norden. Es sollte aber West- bis Nordwestwind herrschen bzw. geherrscht haben. Bei östlichen Winden wird kaum

Bernstein auf die Außensände getragen. Man kann schon 3 Stunden vor Ebbe mit dem Suchen beginnen und dem ablaufenden Wasser hinterher gehen. Der Tidenhub beträgt hier immerhin 3 Meter.

In der Bucht beim Tümlauer Koog ist die Suche zwecklos, aber etwas nördlicher vor dem Leuchtturm Westerheversand gibt es fündige Sände.

Im Süden der Halbinsel Eiderstedt gibt es fündige Stellen vor Vollerwiek, besonders dann, wenn das Eidersperrwerk für einige Zeit geschlossen gewesen ist. Das wird gemacht, um dann nach Öffnung der Schleusen mit dem aufgestauten Wasser den Schlick aus der Rinne zu spülen. Und in diesem Schlick befand sich immer einiger Bernstein, denn die Eider hat während und nach der letzten Eiszeit entwässert und viel Bernstein in die Nordsee getragen.

Früher konnte man bei **Büsum** noch gute Funde machen, nach Bau des Eidersperrwerkes gingen die Funde dort aber rapide zurück. Weiter nördlich in Richtung der Halligen nehmen die Funde immer mehr ab. An der Nordseeküste zwischen Festland und Halligen ist kaum Bernstein zu finden.

Vor den Halligen auf der Seeseite ist durchaus der eine oder andere Bernstein zu finden. So hörte ich von Funden im Watt nordwestlich von **Pellworm und Föhr** – aber immer nur nordwestlich dieser Halligen. Ausnahme: An der langen westlichen Sandküste von **Amrum** kann man bei günstigen Winden überall ein wenig Bernstein finden. Auf den vorgelagerten Außensänden z. B. vor Pellworm konnte man früher gut fündig werden; nun ist dieser Bereich Schutzzone 1 des Nationalparks Wattenmeer und das Betreten ist verboten.

Vor der Insel **Sylt** zieht eine starke Süd-Nord-Strömung entlang, so dass die Chance gering ist, dass Bernstein liegen bleibt. Der Strand geht außerdem relativ steil ins Meer, so dass Bernstein schlechter liegen bleiben kann. Bei leichten nordwestlichen Winden, die gegen die Strömung gerichtet sind, bleibt der eine oder andere Bernstein doch liegen. Gute Fundmöglichkeiten gibt es auf Sylt dann, wenn Sandaufspülungen stattfinden.

Jedes Jahr fallen bei den Herbst- und Winterstürmen viele Meter der Dünenküste der Nordsee zum Opfer. Um diese Küstenstreifen zu retten werden zig Millionen Euro für Sandaufspülungen ausgegeben. Dieser Sand wird über hunderte Meter lange Rohre vom Nordseeboden gesaugt – und enthält häufig auch Bernstein. Das sind die wenigen Momente, wo der Sammler reichlich Bernstein finden kann.

Zwar findet man auf der Westseite der Halligen und im Watt zwischen den Halligen und der Küste kaum Bernstein. Doch es gibt Ausnahmen: Bei starken Stürmen gelangt selbstverständlich auch Bernstein ins schlickige Watt westlich der Inseln und Halligen und lagert sich dort ab, kann aber im Schlickwatt nicht gefunden werden. Anders an den Orten, wo Landgewinnung stattfindet. Als Beispiel seien die Lahnungsfelder nördlich und südlich des Hindenburgdammes genannt, der nach Sylt hinüberführt, und die Lahnungsfelder vor dem Morsumkliff. Regelmäßig werden die Gräben, die sogenannten Grüppen, ausgebaggert und der Schlick auf den dazwischen liegenden Beeten aufgeschichtet. Darin befindet sich so mancher Bernstein, der bei Regenfällen freigespült und sichtbar wird. Leider ist das Betreten des Dammes streng verboten und vor dem Morsumkliff ist Naturschutzgebiet …

Im Geschiebemergel des Roten Kliffs werden immer wieder nicht unerhebliche Mengen von Bernstein gefunden. Er ist mit an Sicherheit grenzender Wahrscheinlichkeit durch Gletscher der Saaleeiszeit dorthin transportiert worden, stammt also nicht direkt aus der Nordsee.

Leuchtturm Westerheversand

5.2.2 Dänische Küste

Rømø ist die südlichste Dänische Insel, man erreicht sie über den Rømødamm. Die Strömung zwischen der Insel und Sylt ist gewaltig, deshalb findet man auf der Südwestseite nur ausnahmsweise Bernstein. Eine Besonderheit von Rømø ist der teilweise kilometerbreite Sandstrand, auf den das Wasser bei Flut sehr flach aufläuft. Daraus sollte man schließen, dass bei Ebbe leicht Bernstein liegen bleiben kann. Dem scheint aber nicht so zu sein, denn es werden nur wenig Bernsteinfunde auf Rømø gemacht, auf der Süd-, Nord- und Ostseite gar keine.

Fanø ist die bekannteste Dänische Bernsteininsel, die man mit der Fähre von Esbjerg erreicht. Im Südwesten gegenüber von Sønderho erstreckt sich eine ausgedehnte Wattfläche ohne nennens-

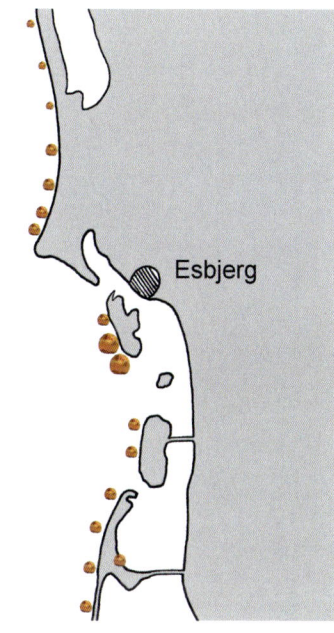

werte Priele, gefahrlos auch für unerfahrene Sammler begehbar. Man kann schon bei ablaufendem Wasser der Ebbe hinterher gehen und vor allem bei südwestlichen Winden zum Teil größere Bernsteinfunde machen. Da es keine gefährlichen Priele gibt, die nach

Sprockholz in den Senken zwischen den Riffeln im noch nicht vollständig abgelaufenen Wasser sind ein gutes Zeichen dafür, dass man auch Bernstein findet.

dem Überqueren von hinten volllaufen können, kann man lange suchen und braucht erst bei einsetzender Flut den Rückweg antreten. Das kilometerweite Watt ist größtenteils fest und riffelig, beste Voraussetzungen dafür, dass Bernstein sich ablagern kann.

Vom Sønderho-Südweststrand aus, über 5 km bis hinauf nach **Fanøbad** kann man überall mit etwas Glück bei südwestlichen bis nordwestlichen Winden Bernstein finden. Es ist an einigen Strandabschnitten sogar erlaubt, mit dem Auto zu fahren.

Über Fanøbad hinaus nach Norden gibt es zwar die größten Sandstrände, dort bleibt aber selten Bernstein liegen. Es lohnt sich also nicht, den kilometerweiten Søren Jessens Sand abzulaufen. Auch an der Nordspitze dieses Sandes und der Nordseite der Insel findet man nie Bernstein.

Bunen bei Blåvandshuk

Blåvandshuk ist der westlichste Punkt der dänischen Küste nördlich von Fanø, an dem ein markanter Leuchtturm steht. Von hier aus zieht eine fast 20 km lange Sandbank südöstlich in die Nordsee. Je südlicher man geht, desto weniger besteht die Chance, Bernstein zu finden. Westlich des Leuchtturms gibt es einen großen Wellenbrecher, eine viele hundert Meter lange Mole. Bei südwestlichen Winden lohnt sich die Suche südlich der Mole, bei westlichen bis nordwestlichen Winden auf der nördlichen Seite. Der lange Sandstrand nach Norden hinauf ist nicht nur an Stellen bernsteinträchtig, an denen es Einbuchtungen oder Bunen gibt.

Grundsätzlich kann man sagen, dass die Bernsteinfunde von Süden nach Norden stetig abnehmen, aber sogar nördlich von **Ringkøbing** und bei **Agger** habe ich früher in meinen Frühjahrsurlauben nach Stürmen häufig Bernstein gefunden.

5.3 Bernstein im Binnenland

BERNSTEIN IN KIESGRUBEN

Bevor ich das Finden von Bernstein in Kiesgruben beschreibe, möchte ich einige wichtige Hinweise geben. Sie sollen einerseits dem Sammler selbst helfen, aber auch für die Zukunft die Grubenbesitzer oder das Wachpersonal den späteren Sammlern gegenüber gnädig stimmen.

Grundregeln für den Sammler
1. Frage vor einem Grubenbesuch beim Pförtner höflich, ob es ausnahmsweise erlaubt sei, einen Blick in die Grube zu werfen. Betriebene Gruben sind nicht frei zugänglich, das Betreten grundsätzlich verboten.
2. Verhalte dich vorbildlich und schädige nicht das Ansehen der Sammler.
3. Trage eine Warnweste und Schutzhelm.
4. Behindere die Arbeiten in der Grube nicht und gehe nicht zu nahe an die Maschinen.
5. Hinterlasse keine Abfälle.
6. Hinterlasse keine auffälligen Grabungsspuren.
7. Melde dich nach dem Grubenbesuch wieder ab.

WIE GELANGT BERNSTEIN IN KIESGRUBEN?

Auch schon vor langer Zeit haben Wasserströmungen Bernstein an bestimmten Stellen angehäuft, meist zusammen mit kohligem Holz, so wie wir auch heute, z.B. in Buchten mit besonderen Strömungsverhältnissen, massenhaft Bernstein mit schwarzem Holz finden können. Diese Stellen wurden durch immer mehr Schichten von Sand überlagert. Und so finden wir heute in vielen Kiesgruben in bestimmter Tiefe schwärzliche „Linsen", die Bernstein enthalten können. Der Horizont des Vorkommens ist sehr unterschiedlich tief gelegen: Nördlich von Berlin und im Ammerland (im nordwestlichen Niedersachsen) gibt es Kiesgruben, in denen der Bernstein in nur 2 Meter Tiefe vorkommt, in Berlin selbst liegt er in Tiefen bis 15 Metern, in der Wesermarsch sogar bis zu 35 m Tiefe.

Bernstein wurde nach dem Abschmelzen der Gletscher auch oberflächlich abgelagert und ist z.B. bei Straßenbauarbeiten und beim Graben im Garten gefunden worden.

Nicht in jeder Kiesgrube ist Bernstein zu finden. In den vorderen Kapiteln ist erklärt, in welchen Gegenden Bernstein im Binnenland vorkommen kann. Die Gletscher der letzten Eiszeiten haben Bernstein mit sich geführt und beim Abtauen in der norddeutschen Tiefebene abgelagert, bis hin zur sogenannten Feuersteinlinie, auch Bernsteinlinie genannt,

Schwarze Bänder mit Bernstein zwischen hellen Kiesstreifen

die die südlichste Ausdehnung der Gletscher der Elster- und Saale-Kaltzeit darstellt (siehe Karte vorne).

Nun gibt es zwei grundsätzlich verschiedene Möglichkeiten des Suchens, Sammelns und Findens: Der direkte Zugriff, indem man in den Kiesgruben nach den schwarzen Horizonten sucht oder gräbt, oder der indirekte Zugriff, indem man die Sohle der Kieshänge absucht oder bei Kiesgruben mit Nassabbau an den Waschanlagen sucht. Diese Möglichkeiten möchte ich im Folgenden näher mit Beispielen belegen. Dabei nenne ich bei Kiesgruben, die jetzt noch in Betrieb sind, nicht den ganz genauen Ort. Das wäre gegenüber den ortsansässigen Sammlern und Kiesgrubenbetreibern unfair, denn erfahrungsgemäß stellt sich nach Veröffentlichungen mit genauen Ortsangaben schnell eine große Zahl von Sammlern ein.

KIESGRUBEN MIT NASSABBAU, DER INDIREKTE ZUGRIFF

Viele Kiesgruben können nicht trocken betrieben werden, da Grundwasser einsickert, das z.T. in nur 2 m Tiefe steht. In diesen Gruben bzw. besser gesagt Seen wird der Sand zusammen mit dem schon beschriebenen schwarzen Holz mit einem Saugbagger nach oben gefördert. Da auch das nachrutschende jüngere Material, das Steine enthält, mit gefördert wird, läuft das Fördergut über Siebe. Das Fördergut wird in die verschiedenen Korngrößen getrennt; so entstehen Haufen mit Sanden, Kiesen und Überkorn. In letzteren Haufen findet man selten Bernstein.

Für den Bernsteinsammler ergiebiger sind Waschanlagen, in denen der verunreinigte Sand gewaschen wird und Schwebeteilchen (Federn, Pflanzen usw.), Holz und Bernsteine abgeschöpft und ausgeworfen werden. Der Vorteil: Der Bernstein wird nicht durch Steine zerschlagen und die Bernsteinkonzentration ist auf diesen schon von weitem als schwarz erkennbaren Haufen größer.

Wird das leichte Material nicht extra abgeschöpft und gelagert, fließt es an bestimmten Stellen vom Förderband: Dort sind die fündigsten Stellen!

Da die Sande und Kiese mit dem darin enthaltenen Bernstein zusammen mit viel Wasser gefördert werden, wird das überflüssige Wasser mit den darin enthaltenen Schwebteilchen durch Rohre abgeführt und an anderer Stelle wieder abgelassen. Es entstehen die bei Sammlern so beliebten Spülfelder. ACHTUNG: Manch Sammler hat schon seinen Stiefel verloren oder mehr …

Der Bernstein bleibt dort liegen, wo keine starke Strömung mehr herrscht. Aber gerade dort ist es gefährlich, weil man leicht im Schlamm versinken kann. Leider – aus der Sicht des Bernsteinsuchers – wird das Wasser bei manchen Kiesgruben zurück in einen Seebereich geleitet, in dem die Förderung abgeschlossen ist. Die einzige Möglichkeit, dort an den Bernstein zu gelangen, besteht darin, einen großen Kescher vor das Abflussrohr zu halten, eine zeitraubende und meist wenig ergiebige Arbeit.

DER DIREKTE ZUGRIFF – NACH BERNSTEIN GRABEN

Es ist anstrengend, zeitraubend und nicht immer erfolgreich: Nach Bernstein graben, immer auf der Suche nach den schwarzen Horizonten in hellem Kies. Es muss nicht unbedingt schwarzes Holz zu finden sein, die Bernstein führenden Schichten können auch nur aus schwarz gefärbten Sanden bestehen (meist mit hohem Glimmeranteil), die sich markant von den fast weißen feinen Schmelzwassersanden abzeichnen. Diese schwarzen Bänder muss man in ein Sieb schaufeln und den Bernstein aussieben. Je größer die schwarzen Holzstückchen sind, desto größer sind auch die Bernsteine, die dann im Sieb leuchten.

Hat man Glück, dann findet man an einer Abbruchkante der Kiesgrube diese schwarzen Horizonte und kann dort sein Loch in die Wand graben und die bernsteinführende Linse ausbeuten. Aber Vorsicht! Nicht zu tief in die Wand graben und nicht mit dem ganzen Körper oder Oberkörper im Loch verschwinden: EINSTURZGEFAHR!

Meist hat man dieses Glück nicht und muss an den verschiedensten Stellen Probebohrungen in den Sand setzen, d. h. mit dem Spaten ein Loch graben.

Probegrabungen alle 5 m, wie die Maulwürfe

Graue bis schwarze Schichten im hellen Sand

Erwischt man mit Glück dann einen schwärzlichen Auswurf, leuchtet meist auch schon ein Bernstein. Nun kann man beginnen, eine größere Fläche aufzugraben, um die schwärzliche Linse auszubeuten. Dann sind alle Mühen und Blasen vergessen und es zählt nur noch der Bernstein.

Ausbeute einer Linse von ca. 2 m Durchmesser

BERNSTEINFUNDE AUF BAUSTELLEN

Selbst direkt in Berlin ist Bernstein zu finden: In fast jeder etwas tieferen Baustelle kann man fündig werden, so auch direkt vor dem Reichstagsgebäude. Als die U-Bahn gebaut wurde, haben Uwe und ich das Baugelände besucht. Zunächst suchten wir die Cafeteria auf, in der zur Frühstückszeit viele Bauarbeiter saßen. Sie wunderten sich zwar über unser seltsames Gesprächsthema, erzählten uns aber bereitwillig, an welchen Stellen des riesigen Baugeländes wir die Schächte untersuchen bzw. welchen Baggerfahrer wir weiter ausfragen sollten. Informationen gesammelt und ab in die Schächte, mitten im Baubetrieb unter den Augen der staunenden Arbeiter. Wir sind fündig geworden und besitzen jetzt Reichstagsbernstein! Es sei aber noch einmal betont: Immer vorher Erlaubnis einholen und nie Kiesgruben oder Baustellen ohne Genehmigung betreten.

6 Verschiedene Sammelfelder

6.1 Ausbeute sammeln

Jeder Sammler fängt einmal an. Ich kann mich zum Beispiel auf die Minute genau erinnern, wann ich Bernstein zu meinem Hobby gemacht habe. Nachdem meine Frau und ich aus gesundheitlichen Gründen unseren geliebten Badmintonsport aufgeben mussten, kam der Dänemarkurlaub 1989. Nun ohne gemeinsames Hobby war die Stimmung gedrückt und wir überlegten, was wir die nächsten Jahre gemeinsam als Hobby haben könnten. Wir standen vor einem

Bernsteinladen, ich schaute mir interessiert eine Mücke im Bernstein an, die hinter einer Standlupe gut sichtbar war, meine Frau betrachtete die wunderschönen Bernsteinfarben. Und in dieser Minute sagte meine Frau „Ich hab's – Bernstein; du als Biologe

27 g

die Insekten im Bernstein und ich als Liebhaberin schöner Steine dieses Gold des Meeres"! Nun drehte sich alles nur noch um IHN!

Nicht jeder fängt so verrückt und intensiv an. Meist beginnt es mit dem Sammeln der Urlaubsfunde, wenige Gramm in kleinen Glasröhrchen, trotzdem stolz und sauber beschriftet. Nach den ersten Funden wird der Urlaub häufig so gelegt, dass die Chance besteht, Bernstein zu finden – die richtige Zeit und der richtige Ort.

6.2 Bernsteinformen

Das Harz der Bäume fließt nicht gleichmäßig, heute nicht und auch vor über 40 Millionen Jahren im Bernsteinwald nicht. So ergeben und ergaben sich verschiedenste Harzformen und daraus entstandene Bernsteinformen.

Eine Art Bernsteinform stellen Tropfen dar, und kein Tropfen sieht aus wie der andere. Fiel das Harz auf den Boden, hat sich der Tropfen verformt. Wurde der Tropfen noch einmal von einem Harzfluss umgeben, entstand ein Stalaktitentropfen, den wir heute noch im Bernstein bewundern können. Fiel der Tropfen ab und nur der Harzfaden blieb übrig und wurde noch einmal umflossen, ergibt sich eine sogenannte Nadel im Bernstein.

Floss eine Harzschicht auf der Rinde über die andere, in mehreren Harzschüben, ist daraus eine Schlaube entstanden. Dieses sind Bernsteine, in denen man am häufigsten Einschlüsse findet.

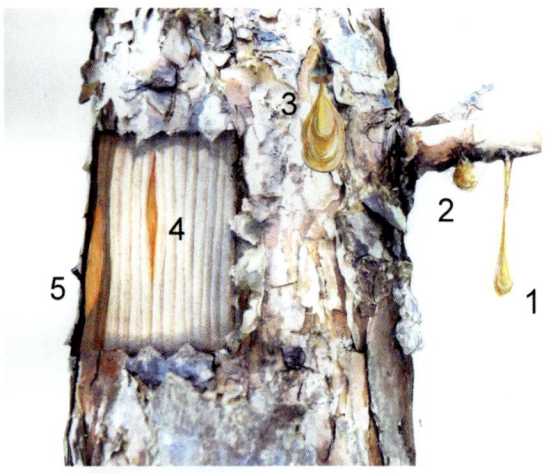

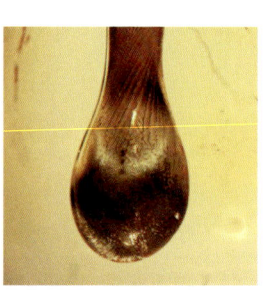

1 Stalaktit mit Endtropfen
2 Tropfen
3 Schlaubenschichten
4 Rissfüllung

5 Harztasche unter der
   Borke
6 Harzkissen

Tropfen und Stalaktiten-
tropfen im Bernstein

Schlaubenbernstein und Querschnitt

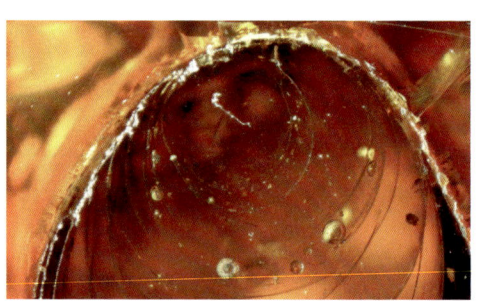

konvexe Außenseite des ehemaligen Harzflusses   *konkave Innenseite*

Bäume harzen aus den verschiedensten Gründen, zum einen, um sich gegen Fraßfeinde zu schützen, zum anderen, um Wunden zu verschließen. Nadelhölzer harzen gewöhnlich mehr als Laubbäume. Die Verletzungen können durch Käfer- und Käferlarvenfraß oder durch Windbruch entstehen oder einfach durch das Wachstum der Bäume: Beim Dickenwachstum wächst die Rinde weniger als der Holzteil, die Folge sind Risse in der Rinde, in die der Baum harzt. Dabei entstehen z.T. große Harztaschen, deren Innenseiten häufig konkav und die Außenseiten konvex geformt sind. Läuft viel Harz den Stamm hinunter oder tropft viel Harz, entstehen am Boden Harzkissen, die bis ins Wasser hineinreichen können.
Das Sammeln der verschiedenen Bernsteinformen stellt ein schönes Hobby dar.

6.3 Bernsteinfarben

Der typische, jedem bekannte Bernstein hat eine klar honiggelbe bis klar bräunlichgelbe Farbe, ist eben bernsteinfarben. Aber nur 10 % des geförderten Bernsteins ist klar!
Es gibt eine Fülle von Farbvarianten und diese zu sammeln ist ein unerschöpfliches Feld, denn kein Bernstein gleicht dem anderen.

> Bernstein kommt in den verschiedensten Farben vor:
> Weiß, gelb, braun, fast schwarz, bläulich, grünlich, rötlich, klar oder trübe.

Submikroskopisch kleine Bläschen trüben das Harz und den daraus entstandenen Bernstein milchig. Sind es feinste Bläschen, kann der Bernstein fast weiß aussehen.

Sind viel Erd- oder Humusreste oder Holzreste ins Harz eingeschlossen worden, ist brauner Bernstein entstanden, der so dunkelbraun sein kann, dass er fast schwarz wirkt. Es gibt auch Mischfarben, die z. B. entstehen, wenn ein Bereich des Harzes Humus enthält, die Schicht darüber aber klar und ohne Inhalt geblieben ist.

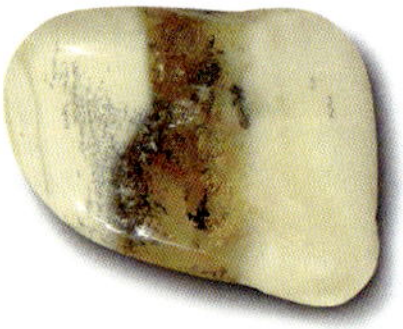

Selten finden wir bläuliche Bernsteinfarben. Die Entstehung der blauen Farbe ist nicht endgültig geklärt. Wahrscheinlich entsteht sie durch Lichtbrechung an feinsten Bläschen gleicher Größe.

Bernstein verwittert im Laufe der Jahrzehnte. Es beginnt mit einer Rotbraun-Färbung der Oberfläche. Mit der Lupe kann man feinste Risse erkennen, ähnlich den Rissen bei trocknendem Lehmboden. Innen hat der Bernstein dann noch seine ursprüngliche Farbe. Beim Anschliff entstehen interessante Farbspiele.

6.4 Besondere Bernsteine

Dieser große Seebernstein muss längere Zeit ruhig im Wasser gelegen haben. Er zeigt einen starken Seepockenbewuchs. Solch Bernstein ist auf den ersten Blick manchmal nicht als Bernstein zu erkennen.

Andere Bewüchse des Meeres können die kleinen Moostierchen-Kolonien sein oder die Gehäuse von Kalkröhrenwürmern. Dieses sind Oberflächenveränderungen jüngerer Zeit.

Auch vor über 40 Millionen Jahren kann auf der Oberfläche des Harzes eine heute noch sichtbare Veränderung eingetreten sein, wenn

z. B. ein Farnblatt seine Struktur in das noch nicht gehärtete Harz gedrückt hat. Oder wir finden Abdrücke des Holzes, über das das Harz geflossen war.

„Hühnergötter" gibt es nicht nur bei Flintsteinen, auch beim Bernstein können Löcher auftreten. Sie entstehen, wenn z. B. eingeschlossene Äste oder in diesem Falle eine Kiefernnadel verwittern und nur der Kanal übrig bleibt: Deutlich sieht man den Querschnitt einer Kiefernnadel.

6.5 Bernstein-Einschlüsse (Inklusen)

Wie entstehen Bernsteineinschlüsse? In einem Satz formuliert: Das Lebewesen muss vor langer Zeit ins Harz geraten und dieses unter günstigen Umständen zu Bernstein geworden sein.

Nicht jeder Einschluss ist so spektakulär wie der abgebildete Großflügler (Megaloptera). In diesem Falle treffen mehrere glückliche Umstände zusammen. Erstens ist der Bernstein groß und schön, zweitens ist ein sehr selten vorkommendes Insekt eingeschlossen, drittens ist der Einschluss unbeschädigt und perfekt erhalten, viertens gibt es Beifänge (Syninklusen) als schönen Größenvergleich und nicht zuletzt wirkt der Bernstein ästhetisch, weil in der einen Hälfte viel dunkle Humuserde eingeschlossen ist.

Auch eine kleine Zuckmücke oder Langbeinfliege kann faszinieren, vor allem, wenn man den Bernstein selbst gefunden und selbst geschliffen hat. Das kommt leider nicht häufig vor, denn nur jeder hundertste enthält im Durchschnitt einen Einschluss und nur jeder tausendste einen sehr gut erhaltenen Einschluss.

So muss der Sammler von Einschlüssen nicht nur am Strand sammeln, sondern auf Mineralienmessen und Märkte gehen, um dort fündig zu werden. Auf diese Weise kann man sich relativ schnell eine beachtliche Sammlung aufbauen.

DIE HÄUFIGSTEN EINSCHLÜSSE IM BALTISCHEN BERNSTEIN

Die hier abgebildeten Tiere decken über 90 % der im Bernstein gefundenen Tiere ab. Die häufigsten Mücken, Fliegen und Käfer des Baltischen Bernsteins sind (m. A.) erfasst, weiterhin die meisten recht häufig vorkommenden Tiere aus anderen Tiergruppen. Sofern nicht anders erwähnt, stammen die Einschlüsse aus der Sammlung des Autors.

Zuckmückenmännchen Chironomidae

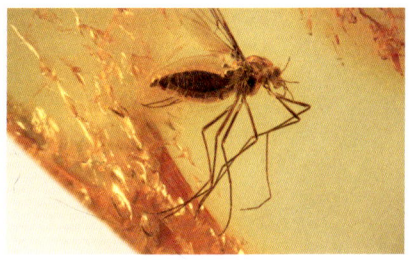

Zuckmückenweibchen Chironomidae

Pilzmücke Mycetophilidae

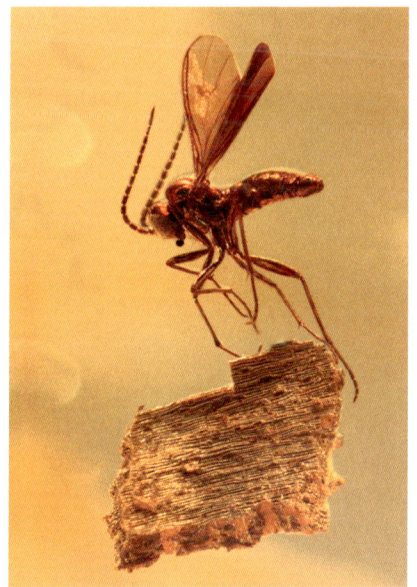

Trauermücke Sciaridae

Gnitze Ceratopogonidae

Schmetterlingsmücke
Psychodidae

Stelzmücke Limoniidae

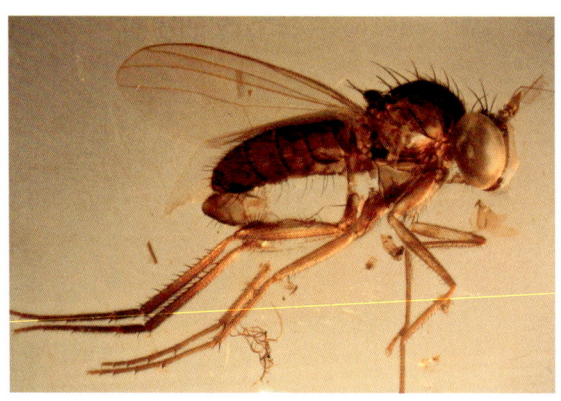

Langbeinfliege
Dolichopodidae

Rennfliege Phoridae

Tanzfliege Empididae

Schnepfenfliege
Rhagionidae, coll. Rudloff

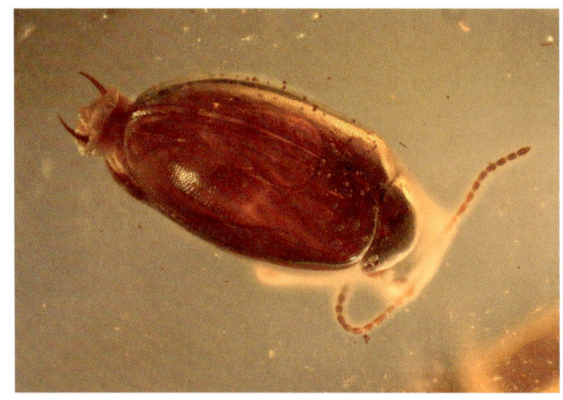

Sumpfkäfer Scirtidae

Baummulmkäfer Aderidae

Pochkäfer Anobiidae

*Schnellkäfer Elateridae,
coll. Rudloff*

Seidenkäfer Scraptidae

Kurzflügler Staphylinidae

Baumschwammkäfer
Mycetophagidae

Stachelkäfer Mordellidae,
coll. Rudloff

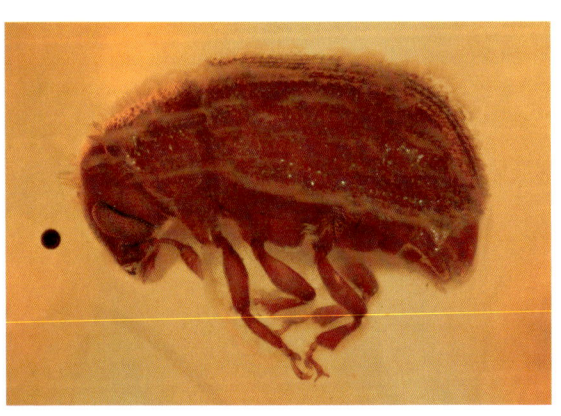

Borkenkäfer Scolytidae

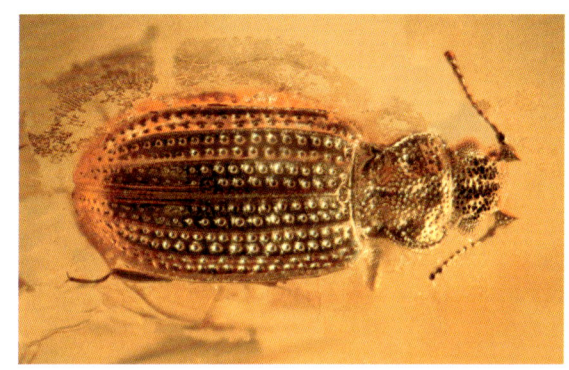

Moderholzkäfer Latridiidae

Ameisenkäfer
Scydmaenidae

Laufkäfer Carabidae

Rüsselkäfer Curculionidae

Rindenkäfer Colydiidae

Weichwanze Miridae

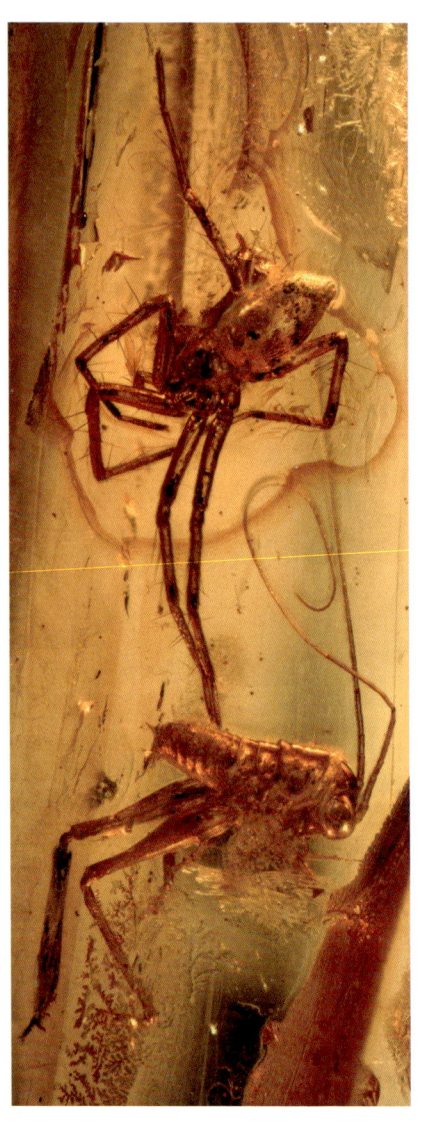

Spinne Araneae, Heuschrecke Tettigonidae

*Ameise Formicidae, coll.
Rudloff*

*Termite Isoptera, coll.
Rudloff*

Zikade Cicadina

Milbe Acari, coll. Ludwig

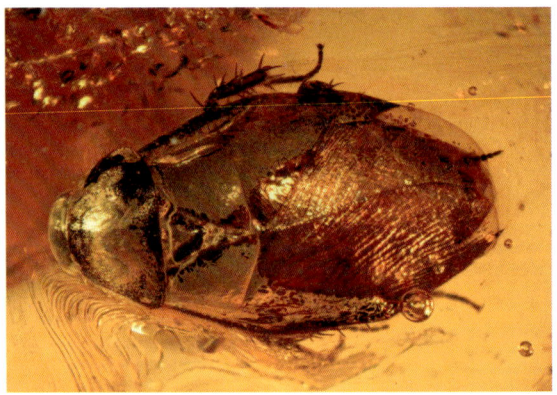

Schabe Blattoidea

Köcherfliege Trichoptera

Schlupfwespe
Ichneumonidae

Rindenlaus Psocoptera

Kleinschmetterling
Mikrolepidoptera

DIE FOLGENDEN TIERE KOMMEN SELTEN BIS ÄUSSERST SELTEN VOR (RARITÄTEN)

Tausendfüsser Julidae, coll. Ludwig

Hundertfüsser Lithobiidae, coll. Ludwig

Schnecke Claussillidae

Fidechse Reptilia, coll. Deutsches Bernsteinmuseum Ribnitz-Damgarten

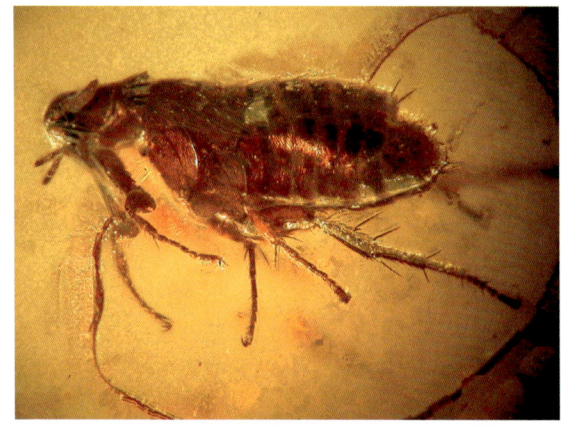

Floh Siphonaptera

Walzenspinne Solifugae

Federn Aves

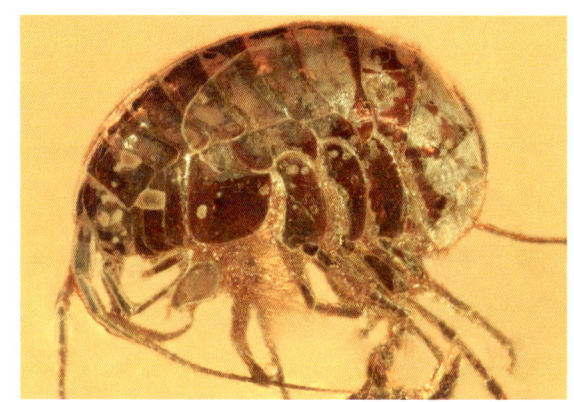

Flohkrebs Palaeogammarus

Skorpion Scorpiones

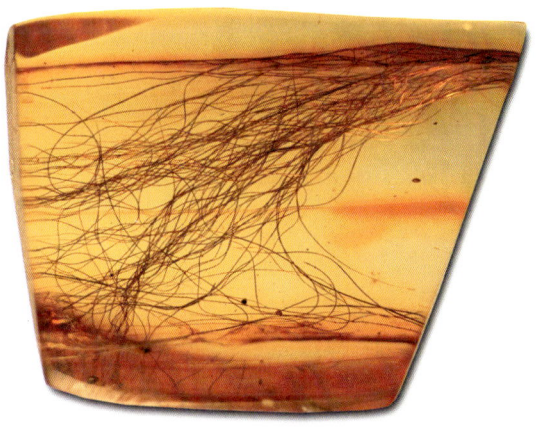

Säugerhaare Mammalia

Pflanzliche Einschlüsse sind grundsätzlich selten im Bernstein zu finden, Ausnahmen sind die Sternhaare der Eiche, Holz- und Humusreste.

Eichenblüten

Laubmoos

Großes Blatt, coll. Ludwig

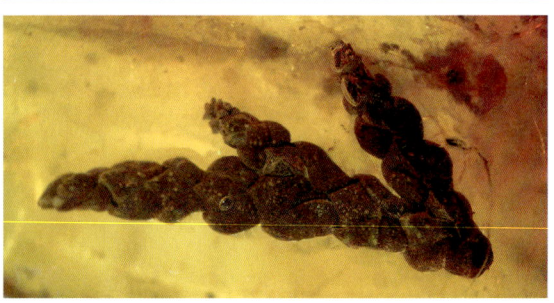

Tujazweig

6.6 Verschiedene Harzproduzenten

Der Bernsteinwald war ein vielseitiger subtropischer Mischwald und erstreckte sich über tausende Kilometer. So gab es sicher auch tiefer und höher gelegene Areale, die unterschiedlichen Baumbewuchs zeigten. Es gab Kiefern, Eichen, Buchengewächse, Zypressen und viele andere Baumfamilien. Gehen wir davon aus, dass eine Kiefernart der Hauptproduzent des Harzes gewesen ist, obwohl die Diskussion darüber noch lange nicht abgeschlossen ist. Der aus dem Harz der Kiefer entstandene Bernstein wird Succinit genannt, weil er Bernsteinsäure enthält. Er macht weit über 90 % des Baltischen Bernsteins aus. Neben den Hauptproduzenten des Harzes gab es auch andere Harzproduzenten in geringerem Umfang. Von ihnen stammen die **sogenannten akzessorischen Harze**.

> Es gab nicht nur eine harzproduzierende Baumart im Bernsteinwald. Der Hauptproduzent war wohl eine Kiefernart.

Glessit, eine Bernsteinart, die sich grundlegend vom „normalen" Baltischen Bernstein, dem Succinit, unterscheidet und mit einem Anteil von wenigen Prozent zusammen mit dem Succinit gefunden wird. Zu erkennen ist diese Bernsteinart an der typischen Feinstruktur, siehe 25-fache und 100-fache Vergrößerung der Oberfläche. Außerdem ist Glessit nicht so gut zu schleifen und eignet sich kaum für die Schmuckherstellung. Der Ursprungsbaum soll aus der Familie Burseraceae (Balsambaumgewächse) stammen, heute in den tropischen Regionen weit verbreitet. Glessit wird nicht nur in der Nord- und Ostsee gefunden, sondern ist auch aus der Braunkohlegrube Bitterfeld und der Lausitz bekannt.

  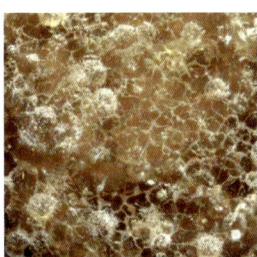

Gedanit: Diese Bernsteinvariante kommt regelmäßig, aber in geringen Mengen vor. Es ist ein spröder Bernstein, der auf den ersten Blick wie Succinit aussieht, aber keine Bernsteinsäure enthält. Sein Harzlieferant soll Cupressospermum saxonicum sein. Der

Name weist darauf hin, dass auch im Bitterfelder Bernstein Gedanit in geringen Mengen gefunden wurde. Er ist brüchig und schlecht zu schleifen, wird deshalb auch kaum für die Schmuckherstellung verwendet.

Es werden viele weitere akzessorische Harze beschrieben, gesicherte Erkenntnisse über die harzliefernden Baumarten gibt es aber nicht.

Werfen wir einen Blick in die weite Welt. Es gibt mittlerweile weit über 200 verschiedene Bernsteinvorkommen überall auf der Welt. Einige der Hauptvorkommen sind Spanien, Schweiz, die Dominikanische Republik, Mexiko, Myanmar, Borneo u. v. m. Hier tut sich ein weites Sammelfeld auf, die Fundorte in aller Welt!

> Es gibt weit über 200 bekannte Bernsteinvorkommen auf der Welt.

6.7 Gebrauchsgegenstände aus Bernstein

Bernstein ist weich genug, um ihn leicht bearbeiten zu können und doch hart genug, um auch Gebrauchsgegenstände aus ihm zu fertigen.

Auf Flohmärkten, Antikmärkten, Messen und in Internetbörsen finden wir immer wieder interessante Gegenstände.

Es gibt Zigaretten- und Zigarillospitzen, Zigarettenhalter, Zigarrenknipser, Pfeifen, Aschenbecher, Feuerzeuge, Hutnadeln, Haarspangen, Puderdöschen, Schmuckkästchen, Federhalter, Tintenfässchen, Manschettenknöpfe u. v. m.

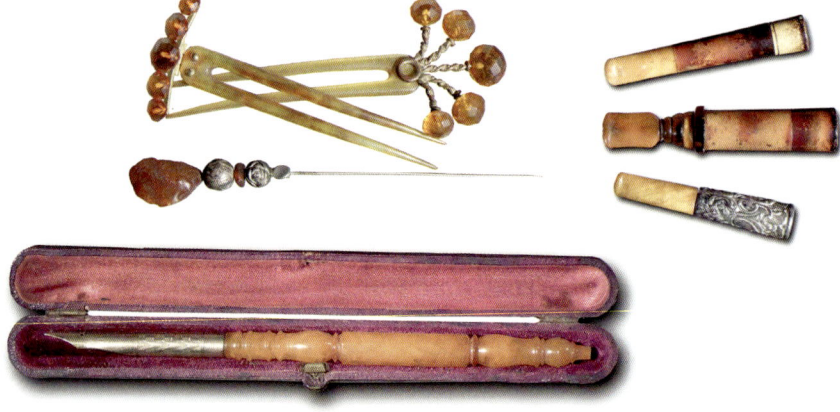

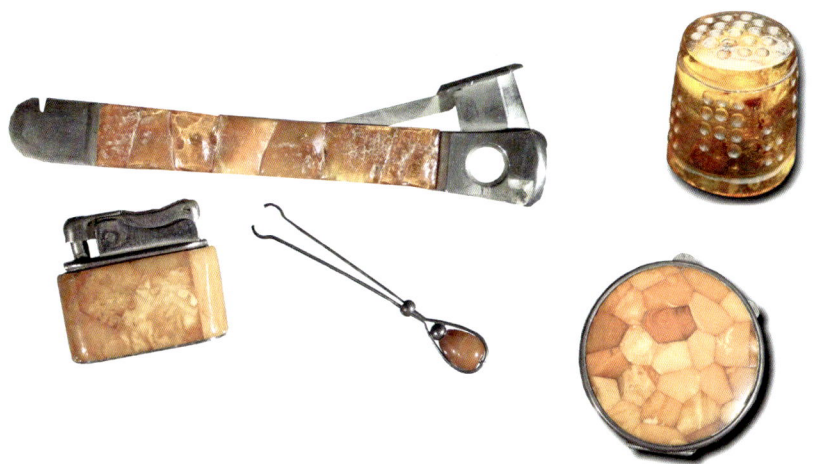

6.8 Schnitzereien aus Bernstein, Bernsteinkunst

Der Bernsteindrechsler war ein eigenständiger Beruf, es gab ihn schon seit über tausend Jahren. Heute gibt es nur noch ganz wenige Menschen, die diesen Beruf ausüben, ihre Werke aber haben überdauert.

Bernsteinschnitzer und Bernsteinkünstler gibt es noch viele, wobei es schwer ist, die Grenze zwischen Handwerkskunst, Kunsthandwerk und Kunst zu ziehen. Die Produkte sprechen für sich und bei einigen Arbeiten muss man sicher von Kunst sprechen

Auch hier tut sich ein weites Sammelfeld auf. Manch einer sammelt nur aus Bernstein geschnitzte Tiere und kann einen umfangreichen Zoo vorweisen. Uwe's Bernsteinzoo mit 400 Tieren und 200 verschiedenen Arten (!) kann man auf der Insel Föhr bewundern.

Erstaunlich ist, dass der Preis für Schnitzereien häufig nach Gramm berechnet wird. Denn beim Schnitzen einer Figur muss man von einem sehr

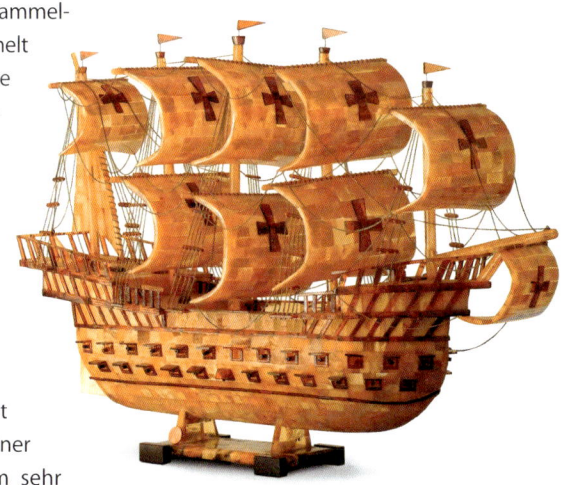

viel größeren Bernstein ausgehen, dessen Ursprungsgewicht manchmal das Dreifache des Gewichtes der fertigen Schnitzerei beträgt.

Schnitzereien, die aus mehreren Bernsteinteilen zusammen geklebt sind, sind nicht so wertvoll wie Schnitzereien aus einem Stück.

6.9 Bernsteinschmuck

Schon die alten Ägypter und Römer faszinierte der Bernstein und für eine Bernsteinkette wurden sogar Sklaven eingetauscht, so wertvoll wurde er geschätzt.

Alter Bernsteinschmuck ist auch heute noch sehr wertvoll und ein beliebtes Sammelobjekt. Schmuck aus vorchristlicher Zeit können sicher nur wenige Sammler ihr eigen nennen, die meisten Stücke liegen in Museen, wo sie auch hingehören.

Auch mittelalterlicher Schmuck ist selten, vor allem vor dem Hintergrund, dass Bernstein im Laufe der Jahrhunderte normalerweise verwitterte und es besonderer Umstände bedurfte, dass ein Bernstein so lange Zeit überdauert hat. Deshalb sind die meisten Sammlungsstücke höchstens hundert Jahre alt.

Die sehr alten Schmuckstücke sind aus Naturbernstein hergestellt. Schon im 19. Jahrhundert begann man immer mehr mit der Klärung des Bernsteins, d.h. der für Schmuck vorgesehene Bernstein wurde im Ölbad so lange und vorsichtig erhitzt, dass er durchgehend klar aussah. Nur auf diese Weise konnten Bernsteinketten hergestellt werden,

Römische Kette, ca. 200 v. Chr.

Kette aus der Hallstatt-Kultur D

deren Bernsteine klar waren und einheitliche Farbe hatten. Aus diesen geklärten Bernsteinen wurden vor allem fazettierte Bernsteinperlen gefertigt. Im 20. Jahrhundert ersetzte der Pressbernstein das Ausgangsmaterial für einheitlich gefärbte Ketten, jetzt im 21. Jahrhundert wird sehr viel autoklavierter Bernstein verwendet.

Lauenhagener Trachtenkette um 1890

Oben: Fazettierte, autoklavierte Bernsteine und schwarz autoklavierte Bernsteinscheiben
Unten: Naturbernsteine

7 Wie bearbeite ich Bernstein per Hand?

SCHLEIFEN

Für die Bernsteinbearbeitung benötigt man keine teuren Geräte. Bernstein ist ein relativ weiches Material, das sich mit handelsüblichem Schleifpapier mühelos schleifen lässt. Lästig und für die Atemwege sehr ungesund ist dabei aber der feine Bernsteinstaub.

Deshalb sollte man Nass-Schleifpapier verschiedener Körnungen benutzen, d.h. man schleife immer mit einigen Tropfen Wasser auf dem Schleifpapier. Das handelsübliche Baumarkt-Schleifpapier hat leider den Nachteil, dass es sehr schnell abnutzt. So empfiehlt es sich, ein paar Cent mehr auszugeben und ein Spezial-Nass-Schleifpapier zu kaufen. Es gibt aber nur sehr wenige Firmen (z.B. STRUERS), die auch feinstes Schleifpapier herstellen, das man für den Endschliff benötigt. In Baumärkten ist die Grenze meist beim 1500er Korn erreicht – die Oberfläche des Bernsteins ist damit aber immer noch

matt. Bei einer Körnung von 4000 erreichen wir optischen Glanz und je abgenutzter das 4000er-Spezial-Nass-Schleifpapier ist, desto feiner wird der Glanz!

ACHTUNG: Schleift man Rohbernstein, dann auf jeden Fall vorher gründlich waschen, um Sandkörner abzuspülen, die den Schleiferfolg erheblich beeinträchtigen können. Auch zwischen den Schleifgängen den Bernstein und die benutzten Finger waschen, um Schleifkörner abzuspülen!

SCHLEIFEN MIT MASCHINEN

Zwar bevorzuge ich das Per-Hand-Schleifen, doch wenn ich viel Bernsteinmasse abschleifen möchte, erleichtert eine Maschine die Arbeit. Solche Geräte müssen nicht teuer sein, es gibt sie für ca. 30 Euro in Baumärkten im Angebot. Am besten sind Doppel-Schleifer geeignet: Auf die eine Seite klebt man das entsprechende Schleifpapier, auf die andere Seite montiert man eine Stoff-Polierscheibe (die mit etwas Poliermittel versetzt werden kann). Um die lästige Staubentwicklung im Zimmer zu vermeiden, habe ich einen Kasten um das Schleifgerät gebastelt, der vorne oben mit einer Glasscheibe belegt ist und vorne und seitlich Eingrifflöcher für die Hände besitzt. Im linken und

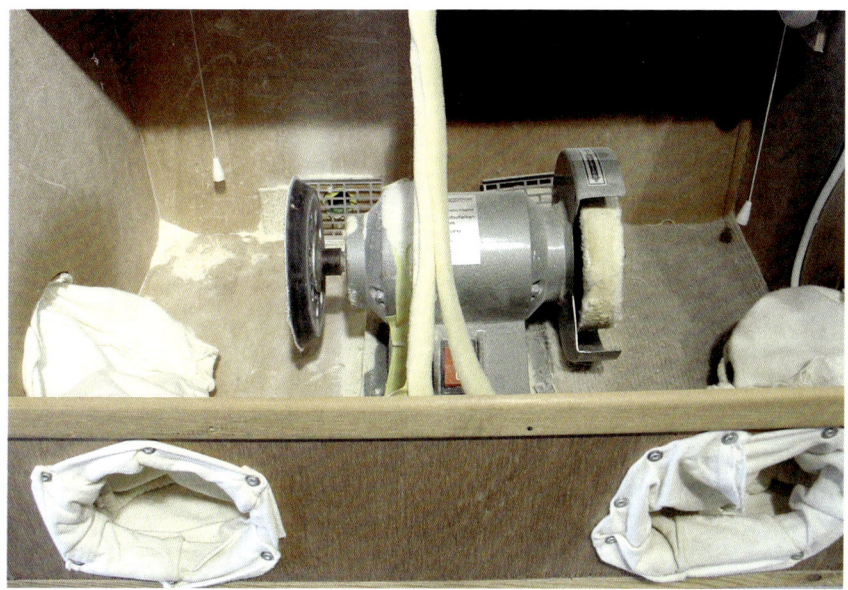

Doppelschleifer im staubdichten Kasten

rechten Bereich sind Abzuglöcher, an die Schläuche montiert sind, die bei mir aus dem Haus heraus führen und an einen Industrie-Feinstaubsauger angeschlossen sind (früher habe ich einfach einen alten Staubsauger benutzt). Vor die Abzugsöffnungen sollte man ein Gitter (Fliegendraht) montieren, sonst kann es passieren, dass der Bernstein aus Versehen im Staubsauger landet.

POLIEREN

Nach dem Feinschliff (mindestens 1500er-Körnung, besser noch feineres Korn) kann man den Bernstein auf Hochglanz polieren.

Auf glattem Tuch mit Stahlpoliturmilch oder Zahnpasta kräftig reiben, nachdem man den Bernstein vorher noch einmal gründlichst gesäubert und von Schleifkornresten befreit hat. Mit diesen Mitteln vermeidet man die lästige Schleifpaste, die sich in alle Risse und Vertiefungen setzt und den Bernstein unansehnlich macht. Dieser Polierschritt erübrigt sich, wenn man das 4000er-Schleifpapier benutzt hat.

SÄGEN

Wer keine teure Diamantsäge oder elektrische Bandsäge (z. B. Proxxon) mit Wasserkühlung zur Verfügung hat, sägt mit einer kleinen Bügelsäge mit Silbersägeblättern.

Achtung: Langsam sägen, sonst wird das Sägeblatt zu heiß und frisst sich fest (Bernstein schmilzt bei höheren Temperaturen). Mit etwas Geduld kann man so per Hand auch über 1 cm dicke Bernsteine sauber durchsägen (erfordert allerdings etwas Fingerkraft in der „Haltehand").

Es eignen sich auch Kachelsägen aus dem Supermarkt (mit Wasserkühlung) mit sehr dünnem Sägeblatt. Als Auflage zum Sägen kann ein durchgesägtes Plastikbrett dienen.

BOHREN

Beim Bohren gilt das gleiche wie beim Sägen: Immer wieder das Bohren unterbrechen, sonst wird der Bernstein zu heiß und der Bohrer frisst sich fest; vor allem gilt das für die normalen Spiralbohrer (Bohrer für Holz eignen sich durchaus, Eisenbohrer nutzen nicht so schnell ab).

Der Spezialist bohrt allerdings mit sogenannten Schwertbohrern, das sind schwertförmig geschliffene Bohrer, die beim Drehen viel Luft mit in den Bohrkanal ziehen und dadurch gut kühlen. So kann man ohne Absetzen auch größere Bernsteine sauber durchbohren. Leider sind diese Spezialbohrer nicht im Handel erhältlich und müssen selbst gefertigt werden. Das hat man schon früher getan, als es noch keine Spiralbohrer gab. Die Slawen nannten diese Bohrer aus einer Eisenspitze „suerdilo", was so viel bedeutet wie „kleines Schwert". Ich habe in Jantarny / Kaliningrad gesehen, wie solche Bohrer hergestellt wurden: Von einem alten Regenschirm sägte man aus den früher noch runden Stahlstreben ca. 5 cm-Stücke, klopfte sie mit einem Hammer vorne flach und feilte eine Spitze. Die Schwierigkeit bestand darin, die Schwertseiten optimal scharf und gleichmäßig zu schleifen.

BERNSTEIN TROMMELN

Will man nicht nur wenige Rohbernsteine bearbeiten, sondern einige Kilo, dann empfiehlt sich das Trommeln.

Es gibt handelsübliche Trommeln, die aber erstens sehr klein und zweitens unverhältnismäßig teuer sind. Große Trommeln sind für den Laien unerschwinglich. Anstatt einer Trommel kann man auch Rüttler oder Vibratoren verwenden, die allerdings geringere Schleiferfolge haben.

Selbstgebastelte „Profi"-Trommel und Polier-Trommel

Also selbst basteln!
Eine Waschmaschinentrommel (Vorteil: Edelstahl und nicht rostend) an einen Wasch-maschinenmotor oder Ventilator-Elektromotor (oder Ähnliches) anschließen, den man im besten Fall stufenlos regeln kann. Diese Trommel dreht sich dann in einer Wanne, in die man etwas Wasser füllt. Solche Trommeln habe ich in litauischen und russischen Werkstätten häufig gesehen, manchmal eine Reihe von bis zu 10 Maschinen.
Der abgebildete Trommelkasten benötigt nicht einmal Wasser und Schleifkörner: Er ist innen mit grobem Schleifpapier beklebt, das beim Drehen für den Abrieb am Bernstein sorgt; Nachteil: Es staubt sehr.

Für kleinere Mengen Bernstein:
Nicht ganz so kompakt und leichter zu bauen ist die Version mit einem Scheibenwischer-motor, auf den man einen ovalen 25 kg-Plastikeimer (Farbeimer) setzt. Das Ganze schräg montiert, damit der Bernstein beim Drehen gut durcheinander gewirbelt wird.
Dem Tüftler sind da keine Grenzen gesetzt, Hauptsache das Ding dreht sich langsam und Bernstein mit Wasser kann eingefüllt werden. „Mut zur Lücke", aber Vorsicht mit der Elektrik!

Die Trommelschritte:
Genau wie beim Schleifen, bei dem man mit grobem Schleifpapier beginnt und dann immer feineres Korn benutzt, muss man auch beim Trommeln vorgehen.
Anfangs mengt man grobe Schleifkörner unter den zu trommelnden Bernstein. Ich selbst nehme „scharfen" Sand, d. h. Sandkörner, die nicht abgerundet sind. Dann lässt man die Wasser-Sand-Bernstein-Mischung 1–2 Wochen trommeln (je nach Umdrehungszahl und

„Schärfe" der verwendeten Schleifkörner). Zwischendurch sollte man hineinschauen und notfalls das schaumige Wasser erneuern, wenn sich zu viel Schaum gebildet hat.

Die folgenden Trommelschritte sind nur bei Verwendung von gekauften, d.h. handelsüblichen Körnern möglich. Zwischen jedem Trommelschritt muss gründlich gewaschen werden, damit keine groben Körner in den nächsten Schleifgang gelangen. Am einfachsten geht das mit einer gehörigen Portion Salz, das den Bernstein in der entstandenen Brühe aufschwimmen lässt – wobei die schwereren Körner fest am Boden liegen bleiben. Es empfiehlt sich, mehrere Trommeln zu verwenden, damit man in einer Trommel immer nur mit einer Körnung arbeiten kann.

Abschließend kommt der schwierigste Gang: Das Polieren in der Trommel mit Trommelholz und Politurpaste. Dabei wirklich hochglänzend polierte Bernsteine als Endprodukt zu erhalten, ist nicht ganz einfach.

Selbst gebastelte Trommel

Trommelholz

8 Bernstein in der Geschichte

Menschen haben schon vor sehr langer Zeit Bernstein für die Schmuckherstellung oder als Schnitzmaterial geschätzt, war er doch mit einfachen Mitteln leicht zu bearbeiten. Glückliche Lagerungsumstände bescherten uns einige dieser sehr alten Werke. Ein spektakulärer Fund soll als ein Beispiel dafür stehen.

Schon am Ende der letzten Eiszeit, vor 14 000 Jahren, besiedelten Menschen die durch das Abschmelzen der Gletscher frisch freigelegten Gebiete des heutigen Norddeutschlands. Auch das beliebteste Jagdtier der nacheiszeitlichen Menschen wanderte ein, der Elch. Und dann begann eine unglaubliche Geschichte …

Zitat Dr. Stephan Veil, Oberkustos am Niedersächsischen Landesmuseum Hannover:

„Seit 1991 werden in einem Projekt der Urgeschichtsabteilung des Niedersächsischen Landesmuseums die Ackerflächen in der Talaue der Jeetzel bei Weitsche, Ldkr. Lüchow-Dannenberg, systematisch nach Feuersteinwerkzeugen und -abfällen abgesucht … Im Mai 1994, bei einer unserer Prospektionen, las der Schulpraktikant Guido Henco völlig überraschend auch ein Stück bearbeiteten Bernsteins auf. Bei einer ersten Grabung im Bereich des Fundpunktes, die noch im August des gleichen Jahres stattfand, wurden weitere Bruchstücke einer, wie sich zeigen sollte, einzigartigen Bernsteinfigur geborgen. Die beim Pflügen abgesplitterten, nur durch Schlämmen und Sieben des Bodens auffindbaren Teile ließen sich zum Rumpf eines Tieres zusammenfügen. 1995 glückte es, die Hinterbeine zu finden …

Bei den dreiwöchigen Ausgrabungen im Juli und August 1996 nun konnten nicht nur weitere wichtige Teile der Figur geborgen werden … Es lässt sich ein Lagerplatz mit Feuerstelle rekonstruieren … Die verschiedenen Formen der Steinwerkzeuge zeigen … die Zuordnung der Bernsteinfigur zum späteiszeitlichen Lagerplatz …

Die Figur von Weitsche schlägt andererseits zeitlich eine Brücke zu einigen Bernsteintieren aus Dänemark und Polen, die in die Mittelsteinzeit gehören und bislang unvermittelt, ohne Vorläufer, aufzutreten schienen …"

Leider fehlte bei diesem Puzzle das entscheidende Stück: der Kopf!

„Am 20. September 2004 nun wurde ein bedeutsames Kapitel in dem archäologischen Fortsetzungsroman aufgeschlagen, in dessen Mittelpunkt die bruchstückweise Entdeckung der ältesten Tierfigur Niedersachsens steht …

Die Aussichten, doch noch gewissermaßen die Nadel im Heuhaufen, nämlich den Kopf selbst, auf dem mehrere Hektar großen Ackergelände zu finden, wurden durch eine beachtliche finanzielle Zuwendung der Spardabank Hannover zumindest verbessert. Immerhin bedurfte es noch großer Anstrengungen und einer effizienten Technik, um bis heute etwa 700 m² schweren Ackerbodens zu untersuchen. Mitentscheidend für den Erfolg war der in der Archäologie seltene Einsatz effektiver Siebmaschinen und Hochdruckreiniger bei der Bergung. Mit ihrer Hilfe konnten bis zu 4 mm kleine Bodenbestandteile schonend und zugleich schneller als von Hand ausgesiebt und nass gereinigt werden.

Gegen 12 Uhr 40 am 20. September 2004 lag das heiß ersehnte Bernsteinköpfchen endlich in der Hand der Archäologen. Eine erste Auswertung des Fundes kommt zu dem wahrlich überraschenden Ergebnis, dass vermutlich ein Elch und nicht, wie zunächst mit guten Gründen vermutet, ein Wildpferd abgebildet worden ist. Bei dieser unerwarteten Lesart des Tieres hätte sich die mühselige Suche nach dem Kopf zusätzlich gelohnt, wäre sie doch mehr als bloße Bestätigung bekannten Wissens. Die Darstellung eines Elches als Über-

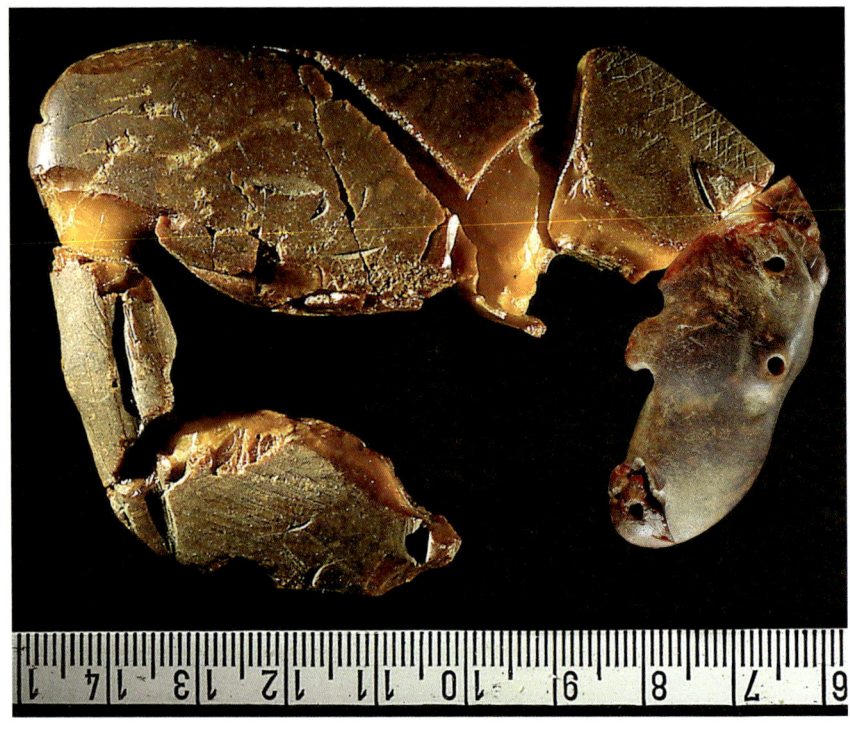

Figur einer Elchkuh aus Bernstein aus Weitsche, Landkreis Lüchow-Dannenberg. Es handelt sich um die mit etwa 14 000 Jahren älteste datierte Bernsteintierfigur. Sie zeigt, dass die Tierkunst der Eiszeitjäger nicht abrupt zu Ende ging. Erstmals wurde eine Tierart als Motiv gewählt, die gerade erst mit der Wiedererwärmung nach Norddeutschland eingewandert war. Sie wird mit anderen gleich alten Bernsteinfunden im Landesmuseum Hannover aufbewahrt.

gangstier wäre ein bemerkenswertes Element im Wandel der menschlichen Kultur, der mit dem Klimaumbruch am Ende der letzten Eiszeit und den dadurch ausgelösten Umweltveränderungen einherging. In diesem Fall wäre es eine sehr frühe, wenn nicht die früheste Darstellung dieses Charaktertieres der borealen Nadelwälder Eurasiens und Amerikas und eine ökologisch typische Erscheinung in der Zeit des Klimaumschwungs am Ende der letzten Eiszeit, in der die Jäger und Sammler von Weitsche lebten. Die Figur könnte als eines der außerordentlich seltenen Bildwerke aus jener Zeit Licht auf die Begleitumstände des im Dunkeln liegenden Wandels werfen, dem die eiszeitliche Kultur der Steppenjäger mit ihrer naturnahen Kunst hin zum geometrisierenden und ornamentalen Stil der Waldjägerkultur der Nacheiszeit unterworfen gewesen ist."

Erst später, aber schon vor weit über 2 000 Jahren, begann der Handel mit Bernstein. Auf bestimmten Wegen, den Bernsteinstraßen, brachte man den wertvollen Bernstein weit in den Süden, bis nach Ägypten.

Der Begriff Bernsteinstraße suggeriert, dass vornehmlich Bernstein auf diesen Handelswegen transportiert wurde. Das war ganz sicher nicht so. Wenn ein Produkt über die große Entfernung von 2 000 km in die eine Richtung geschafft wird, dann folgt logischerweise auch ein Rücktransport in die andere Richtung mit anderen Gütern, denn auch damals fuhr kein Wagen oder Schiff unbeladen. So gelangten Olivenöl, Wein, Waffen, Kultobjekte usw. aus Südeuropa und Asien in den Norden. Und nicht nur die Waren fanden Verbreitung über die Bernsteinstraßen, auch religiöse Vorstellungen, Gepflogenheiten und Gesetze. So fand man Nachweise, dass die Verehrung der ägyptischen Göttin Isis und der Arianismus sich nach Norden verbreitet hatten.

Werner Freudenberger hat das in seiner Dokumentation „Götter und magische Steine – Kultweg Bernsteinstraße" sehr gut aufgearbeitet und vor allem den Handelsweg von Carnuntum (das heutige Petronell, eine kleine Gemeinde im niederösterreichischen Bezirk Bruck an der Leitha) nach Aquilea (dem heutigen slowenischen Oglej am Fluss Natissa, der vor über 2 000 Jahren schiffbar war und über die Lagune von Grado Verbindung in die Nordadria hat) mit archäologischen Funden bis ins Detail rekonstruiert. Dabei geht er auch auf eine vorrömische Variante des Bernsteinweges nach Süden von Hallstatt aus ein, dem geschichtsträchtigen Ort, nach dem eine Kulturperiode benannt wurde, die Hallstatt-Kultur (850–475 v. Chr.) aus der älteren Eisenzeit.

Das Bernsteinregal, ein Gesetz des Deutschen Ritterordens, veränderte ab dem 13. Jahrhundert alles um den Bernstein. Der Ritterorden beanspruchte jeden Bernstein der Ostseeküste für sich und regelte den Handel. Wer dagegen verstieß, musste mit harten Strafen rechnen.

9 Bernstein in Sagen und Mythen

DER STURZ DES PHAETON

Viele Geschichten und Sagen ranken sich um die Entstehung des Bernsteins. Die schönste und ergreifendste findet sich in den 2000 Jahre alten Metamorphosen des römischen Dichters Ovid.

Der Sonnengott Helios und seine Frau Klymene gaben den ständigen Bitten ihres Sohnes Phaeton nach und erlaubten ihm, den Sonnenwagen zu fahren. Das Verhängnis nahm seinen Lauf; die Rösser merkten, dass nicht ihr Herr die Zügel führte und liefen aus der Bahn. Die verheerende Folge: Der Wagen gerät zu nahe an die Sonne und in Brand und Phaeton stürzt hinab auf die Erde in den Fluss Eridanus. Zeus ist außer sich vor Wut, macht Helios große Vorwürfe und straft ihn zusätzlich zum Verlust seines Sohnes damit: Die Schwestern sollen die Gebeine des Bruders am Eridanus bestatten, dann selbst zu Pappeln werden und ihre Tränen, die in den Fluss fallen, sollen Bernstein werden (so interpretiert es der griechische Schriftsteller Lucian).

Rubens, 1604: Der Sturz des Phaeton

Viel schöner hört es sich natürlich als direkte Übersetzung Ovids an (Metamorphosen Buch II, Seite 304 ff):

„… Phaeton aber wirbelt, verheert seine Haare von roten Flammen, jäh hinab und stürzt durch die Lüfte in lang sich ziehender Bahn … Auf nahm der große Eridanus ihn an dem anderen End des Erdrunds, der Heimat fern, spült er ab sein rauchendes Antlitz. Nymphen des Wests übergaben dem Hügel den Leib … Denn es verhüllte und barg in erbarmungswürdiger Trauer gramvoll der Vater sein Haupt … Auch des Sonnengotts Töchter, sie trauern nicht minder, sie weihn der Tränen vergebliche Spende dem Tod: Mit den Händen die Brüste schlagend, rufen sie Tag und Nacht den Bruder … da klagt Phaethusa, der Schwestern größte, die eben gewillt sich zu Boden zu werfen, ihr seien starr die Füße geworden. Die lichte Lampetie suchte hin zu kommen zu ihr – und wird von Wurzeln gehalten. Hier schickt die Dritte sich an, das Haar mit den Händen zu raufen – Blätter reißt sie da ab. Die klagt, dass im Stamm ihr die Schenkel haften und die, dass die Arme zu langen Zweigen ihr werden. Während sie staunen, siehe! umwächst ihre Weichen die Rinde, schließt sich schrittweise um Leib, um Brust, um Schultern und Arme; frei allein nur bleibt der Mund, und er ruft nach der Mutter. Was soll die Mutter tun? Als, wie es sie treibt, sich hierhin, dorthin zu wenden und Küsse, so lang es vergönnt ist, zu tauschen. Doch nicht genug! Sie versucht, aus den Stümpfen die Leiber zu reißen, bricht mit den Händen dabei die zarten Zweige, da rinnen blutig rot wie aus Wunden hervor aus dem Bruche die Tropfen. … Und es wächst in die letzten Worte die Rinde. Tränen rinnen aus ihr. Erstarrt in der Sonne, als Bernstein tropfen sie ab vom frischen Gezweig, es empfängt sie der klare Strom und sendet sie hin, dass Latiums Töchter sie tragen."

Viele Dichter haben diese Sage aufgegriffen, so auch Euripides einige hundert Jahre später:

„Eilt ich bin zu der Flut des Meers, die an Adrias Felsenstrand anbraust, hin zum Eridanos, wo zur schwellenden Purpurwoge des Phöbos unseligste Jungfrauen, um Phaethons Schicksal voll Schmerz in die Flut Tränen träufeln mit goldenem Glanz."

Eine ganz andere Herkunft des „sagenhaften" Bernsteins finden wir in der Jūratè-Sage (jura = litauisch „Meer"):

Der Legende nach wohnte die Meeresgöttin Jūratè in einem prächtigen Unterwasserschloss, das ganz aus Bernstein erbaut war. Einst verliebte sich Jūratè in den Fischer Kastitis und holte ihn zu sich in ihren unterseeischen Palast. Wegen dieser Verbindung mit einem Menschen zürnte Perkunas, der Vater der Jūratè, mit seiner Tochter, tötete den Kastitis und zerschmetterte das Bernsteinschloss. Bis heute werden die Trümmer als Bernsteinbrocken an die Küste der Ostsee gespült. Ein Denkmal in Jantarny (Palanga) erinnert an diese Begebenheit.

Jurate

In WIKIPEDIA fand ich eine Ergänzung:

„Andere Versionen erzählen, dass Jūratė Kastytis gerettet habe, als er in einem Sturm zu ertrinken drohte, dass Kastytis später von dem wütenden Perkūnas getötet wurde und dass Jūratė den Tod ihres Liebhabers bis heute beweint. Nach diesen Versionen sind es ihre Tränen, die zu Bernsteinstückchen gehärtet an Land gespült werden, und dass man in Sturmzeiten noch heute ihr Weinen hören kann. Einige Versionen präzisieren, dass Kastytis aus dem kleinen Fischerdorf Šventoji nördlich von Palanga stammte."

Der Bernsteinpalast kommt in der litauischen Mythologie noch in einer anderen Sage vor (aus der website „litauen.info"):

„EGLĖ, DIE NATTERNKÖNIGIN

In Zusammenhang mit dem totemischen Glauben an die Macht der Natter und das Sinnbild des Bernsteinpalastes steht das älteste litauische Märchen „Eglė, die Natternkönigin".

Während die Fischertochter Eglė im Meer badet, schlüpft der Natterkönig in ihre Kleider. Eglė verspricht ihm im Scherz, ihn zu heiraten, wenn er ihr die Kleider wiedergibt. Nach einigen mythischen Täuschungsversuchen muss Eglė den Natterkönig Þilvinas aber tatsächlich heiraten und lebt fortan in einem riesigen Bernsteinpalast auf dem Grund des Meeres.

Hier findet Eglė ihr Glück, denn der schöne Þilvinas schenkt ihr seine Liebe. Die Fischer aber sehen Þilvinas nur als Teil ihres harten Überlebenskampfes mit dem Meer. Umschlossen von Wellen und den Tod ankündigender Kälte blicken sie in die stechenden, unbarmherzigen Augen der Natter.

Natter und Bernstein sind Symbole des goldenen Zeitalters und der jenseitigen Welt der Seelen. Aus dieser Welt sehnt sich Eglė nach Hause zurück und erkämpft sich durch das Bestehen schwieriger Aufgaben das Recht, ihre Eltern zu besuchen. Eglės Brüder jedoch foltern Eglės Kinder, um hinter das Geheimnis des Natterkönigs zu kommen, und als sie den magischen Namen Þilvinas erfahren haben, zerhacken sie den Natterkönig mit ihren Sensen. In ihrer Hoffnungslosigkeit und ihrem Schmerz verwandelt Eglė sich in eine Tanne und ihre Kinder in eine Eiche, eine Esche, eine Birke und eine Espe."

Der Bernsteinpalast ist verlassen und zerfällt im Laufe der Jahrhunderte, die Überreste finden sich jetzt an den Küsten Litauens.

DIE BERNSTEINHEXE

Märchen von unserm Mädchen, das aus dem Großen Moosbruch stammte (frei nach Ina Graffin).

Hoch in den Dünen am Wasser lebt die Bernsteinhexe und wenn der Südweststurm tobt, tanzt sie über das Wasser. Dabei verliert sie aus ihrer Schürze den Bernstein. Aber kein Fischer geht bei Südweststurm aus dem Haus und so hatte bisher noch keiner die Bernsteinhexe gesehen. Ein Fischerjunge wollte es genau wissen und stahl sich beim nächsten Sturm heimlich aus dem Haus in die Dünen. Er suchte nach einer alten Frau mit einer Schürze voller Bernstein, doch fand am Strand ein wunderhübsches, hellblondes Mädchen in einem hellblonden Kleid. Sie wolle hier tanzen – und schon fiel er in ihre Arme und tanzte mit ihr über den Sand und über die Wellen und spürte den Boden nicht mehr unter den Füßen. „Ich liebe dich, bleib bei mir", flehte der Fischerjunge. Das blonde Mädchen aber lachte, drückte dem Jungen einen Klumpen in die Hand und wirbelte mit dem Sturm davon. Der Fischerjunge ging traurig nach Hause, einen großen Bernstein in der Hand, den er zuhause versteckte. Er wusste, dass er die Bernsteinhexe getroffen hatte, dachte fortwährend an sie. Seitdem hatte der Fischer immer den besten Fang. Aber er blieb traurig und magerte ab. Keiner konnte ihm helfen, keiner konnte ihn heilen, nicht der Arzt, nicht der Pfarrer und nicht die Mutter. Er wartete nur sehnsüchtig auf den nächsten Sturm. Als der dann tobte, lief er in die Düne und schrie seine Liebe in den Sturm dem Meer entgegen. Da sah er die schöne Hexe winken, rannte ihr entgegen und fiel ihr in die Arme. Sie tanzten zusammen im Sturm über das Meer, immer weiter hinaus. Die Bernsteinhexe ließ ihn nicht los und nahm ihn mit auf ihr gelbleuchtendes Schloss auf den Meeresgrund.

Anmerkung: Der Große Moosbruch (Bolschoje Mochowoje Boloto), ein weitläufiges Hochmoor, befindet sich am Südostufer des Kurischen Haffs.

Eine andere Sage über „Die Bernsteinhexe", die einen wahren Hintergrund haben könnte, stammt von der Insel Usedom. Dort am Streckelsberg (siehe vorne) gibt es ein ergiebiges Bernsteinvorkommen. Auf dem Streckelsberg steht eine Informationstafel für den Wanderer, der Text lautet:

DIE BERNSTEINHEXE
Wilhelm Meinhold – Doktor der Theologie und Pfarrer
Meinholds zunächst als „Die Pfarrerstochter von Coserow" (1826) entstandene und nach Umarbeitung 1843 als „Die Bernsteinhexe" erschienene Erzählung ist eine zeithistorisch getreue Widerspiegelung der Verhältnisse des dreißigjährigen Krieges.

Informationstafel: Die Bernsteinhexe

Der 30-jährige Krieg brachte Verwüstungen und Hunger über das karge Land und seine Menschen. Der Koserower Pfarrer Schweidler und seine Tochter Maria bemühten sich um Hilfe und Linderung der Not, indem sie von Maria im Streckelsberg gefundenen Bernstein verkauften und von dem Erlös Brot für die hungernden Koserower kauften und verteilten. Die Pfarrerstochter wurde vom Amtshauptmann Appelsmann begehrt, er fand jedoch kein Gehör. Das und der unerklärliche Geldbesitz führten zum „Hexenverruf" und zu Folter und Qualen für Maria Schweidler. Am 30. August 1630 sollte sie auf dem Scheiterhaufen sterben. Graf Rüdiger von Nienkerken befreite sie aus ihrer Not und machte sie zu seiner Frau.

Abschließend ein Essay von Max J. Kobbert,
geschrieben im Januar 1964, mit 19 Jahren – zwei Jahre, nachdem er in einem winzigen Laden auf Fanø/Dänemark einen steinalten Bernsteinhändler kennengelernt hatte, der Vorbild für das Essay war. Seine Begeisterung für die Honigsteine, die er fand und bearbeitete, ging auf Max J. Kobbert über.

DER BERNSTEINSUCHER

Die Sonne goss Licht über das dunstig-blaue Meer, wo es tausendfach funkelnd zersprang. Er stand am Ufer, gebeugt wie das raue Gras in den Dünen. Um seine Füße leckten unermüdlich zitternd klare Wellen, spülten feinen Schlamm grau wirbelnd von Fläche zu Fläche, ertränkten, schwemmten Sand, zogen über ihn eine feine Schicht des Glanzes, glitten fort und sogen ihn aus zu mattem Grau, ihn neu umhüllend zu umschlingen und zu lassen. Die kleinen Wellen wichen zurück, schnell, wie von einem sanften Wind gefegt, quirlten hinein in die Wogen, die müde aufrauschend in grauweißem Schaum zusammenfielen wie der Läufer von Marathon, der aus der Ferne seine Botschaft hertrug und, sie laut verkündend, sterbend über seine ausgestreckten Arme zu Boden fiel.
Schwesterwogen drängten nach, wälzten entlangrollend, emporschwellend knirschende Geröllmassen mit, sie und sich vermengend in verschlingendem Rauschen, trennten sich und verschmolzen, bis sie grün aufleuchtend in Tochterwellen hineinstarben zu neuen Formen.
Er schaute hinaus und sah, wie die Ferne breite Wasserfelder herüberschickte, ein Grau, Violett und Grün, ein Blau und Silber, das blinkend über die Schwärze der Tiefe glitt und sich entgegenbreitend mit hell aufschäumenden Kronen überstreute, die aus den Wogen emporblühten.
Sein Blick überflog die Fläche dem Horizont zu, und blieb auf der harten, schwarzen Linie ruhen, die aus ihrer Unwandelbarkeit heraus alle Wogen und Wellen, alle Farben und alle Klarheit des Meeres entsandte. Die den Morgen glühend emporhob und den glühenden Abend verschlang. Die als vollkommener Kreis Meer und Himmel dort, wo sie einander fanden, scharf voneinander trennte.

Er schaute hinauf, und sein Blick verlor sich in der Unfasslichkeit des Himmels, in dem entfernungslosen Weißblau der Luft, wo Möwen verloren ihre Kreise schwammen durch das wehende, dunstige Nichts. Sein pendelnder Blick fand Halt in graublassen Wolkenstreifen, die lichtbekränzt träge den Himmel hinauf schwebten. Ihre wechselnden Schatten überflossen ihn als Grüße aus ferner Höhe, aus quirlenden Nebelballen von körperloser Kompaktheit, die das Sonnenlicht in Sträuße wandernder Strahlen zerspleißten.

Hell übergoss ihn das Licht. Geblendet senkte der alte Mann seine Augen auf die Faust und öffnete sie. Honigfarben blinkte es in seiner Hand. Liebevoll ließ er das Kleinod mit der fernen Sonne spielen. Er betrachtete die in sich ruhende Form, das Geschenk des Meeres. Er betrachtete das feingliedrige, zerbrechliche und nun im Tode so unangreifbar geschützte Insekt, das den Stein mit Bedeutung erfüllte. Er sah wie durch ein Zeitfernglas einen unfassbar fassbaren Lebensmoment aus einem Erdzeitalter, das sonst nur steinerne Spuren hinterlässt. Perlmuttern ließ die Sonne das Filigran der Insektenflügel aufglänzen – so wie sie die Flügel einst glänzen ließ, als sie noch singend die Luft durchschwirrten.

Es war nicht nur die Zeit, die ihn bewegte, das Stückchen Ewigkeit, das er in Händen hielt. Es war das allgegenwärtig Lebendige in diesem Stein, das Wachsen zu immer neuem Reichtum, ein unaufhörliches Streben, das sich mit unaufhörlichem Sterben verband. Er spürte etwas Großes, Heiliges, das nicht in Unwandelbarkeit, sondern im Wunder der ewigen Verwandlung lag. Der Gedanke an das übermenschliche Geschenk von Leben und Tod erfüllte ihn.

Er schaute über das gelbgraue Wogenmeer der Dünen, die unmerklich hinter den Wolken her wanderten. Sie wuchsen und wandelten sich in Jahren in leisem Wechselgespräch mit dem Wind, sie überwanderten die Fläche und wurden zertreten, erstickten Gras und wurden überwuchert, lenkten den Regen und wurden überschwemmt. Überall gab es Leben und nirgends gab es Stillstand. Überall gab es Tod und nirgends gab es ein Ende. In den Wogen, in den Wolken, im Flug der Möwen und im Zug der Dünen. Im Menschenleben. In der Erhabenheit der Gebirge. In der Geschichte der Erde und der Sternenwelt, in der sich Zeit und Raum ins Unendliche dehnen.

Und doch waren die Sterne trotz ihrer Unerreichbarkeit in das Erdenleben verwoben. Denn die Sonne war einer von ihnen, die Quelle dieser Insel des sich selbst begreifenden Lebens. Dieselbe Sonne, die jetzt den Bernstein aufglühen ließ. Die damals aus dem längst vergessenen Baum das Harz herauszog. Die zur gleichen Zeit das Insekt durchwärmte.

Er hatte den Stein wie tausend andere Steine den halbgeschlossenen Händen des Meeres entnommen, ihn zu junger Schönheit geschliffen und dem Sonnenlicht zurück gegeben, das ihn gleichsam wiedererkennend mit Funkeln durchgriff. Dieser Stein hatte das Insekt aus dem Unbeachtetsein seines ursprünglichen Lebens durch den Tod hindurch zu Unvergänglichkeit und Schönheit getragen und nun nach unvorstellbarer Zeit verschenkt an ein Wesen, das es begreifen und bewundern konnte.

Stets mit einem gewissen Bangen hatte der Mann seine Steine weiter gegeben, das sich in warme Empfindung verwandelte gegenüber denen, die noch staunen konnten. Lächelnd atmete er dann die Freude des Anderen ein, sah noch ein letztes Mal auf dieses Geschenk aus Leben und Tod. Er sah auf die Gabe der Sonne, deren Licht er ein Menschenleben zuvor kennengelernt hatte, die ihn die Kindheit hindurch gewärmt hatte, die ihn frühlingsjung hatte lieben lassen, die ihn stärkte und durchdrang zu bewusstem Leben und Schaffen bis in sein jetziges Alter, wo er ihre ruhige Wärme genoss. Noch einmal schaute er auf die Gabe des Meeres, die er enthüllt und veredelt dem Licht zurück gegeben hatte, des Meeres, in das er einst als Knabe fröhlich gesprungen war, das er in seiner weiten Unfasslichkeit lieben gelernt hatte, das ihn in seiner Mächtigkeit berauscht hatte und das ihm in den Jahren seines Lebenssonnenuntergangs in seiner Weite so nahe kam.

Das ihn dann, als die Sonne unter der Grenze zwischen Himmel und Meer verschwand, als er mit ruhigen Schritten der steigenden Flut entgegenging, einhüllte und mit Lebensfülle umschwemmte. Umschwemmte wie die Steine, die er lebenslang gesucht hatte, goldglänzend im Licht der gleichen Sonne, die ihn mit ihrer Wärme umgoss, als er am Ufer stand.

10 Bernsteinmuseen, Ausstellungen, Messen und Internetseiten

Was tun an der Küste, wenn kein Strandwetter ist oder es sogar regnet? Da bietet sich der Besuch von Ausstellungen und Museen an! Diese Auflistung erhebt nicht den Anspruch auf Vollständigkeit. Es sind nur die Museen aufgeführt, die in Küstennähe Bernstein aufzuweisen haben. Schlechtes Wetter kann man auch zum Surfen im Internet nutzen, es gibt viele interessante Seiten zum Thema Bernstein.

BERNSTEINMUSEEN (ANGELEHNT AN DIE ENTSPRECHENDEN WEBSITES)

Die größten und besten Bernsteinmuseen:
Deutsches Bernsteinmuseum Ribnitz-Damgarten
Bernstein Museum bei Oksbøl, Dänemark
Bernsteinmuseum in Palanga, Litauen

Deutsches Bernsteinmuseum Ribnitz-Damgarten

1 000 m² Ausstellungsfläche und 1 600 Exponate machen das Deutsche Bernsteinmuseum zu einer der ersten Adressen in Europa, wenn man sich über Bernstein oder auch „Die Tränen der Götter" informieren möchte. Das denkmalgerecht sanierte Kloster bietet dazu eine hervorragende Kulisse.
Angeschlossen an das Museum befinden sich weiterhin eine Schauwerkstatt, ein Museumsshop und ein gemütliches Café. Übrigens: Wer seinen eigenen Bernstein bearbeiten möchte, kann das in der Schauwerkstatt gern tun.

Natur-Schatzkammer & Paradiesgarten, Edelstein- und Bernsteinzentrum, Pilzumuseum

In Neuheide/Ribnitz-Damgarten. Eine einzigartige Zusammenstellung für alle Naturliebhaber, die eine ungewöhnliche Fülle an Exponaten zeigt: 250 naturgerecht präparierte Pilze, 13 000 Muscheln und Schnecken, einmalig präparierte einheimische Tiere, Bernstein und Bernsteineinschlüsse, Edelsteine und Mineralien und vieles mehr.

»Humboldt-Museum« Museum für Naturkunde Berlin

Das Museum enthält auch eine umfangreiche Bernsteinsammlung und den größten existierenden Baltischen Bernstein. Anmerkung: Vorherige Anmeldung erforderlich.

Nordseebernsteinmuseum in St. Peter-Ording

Im St. Peter-Ordinger Nordseebernsteinmuseum wird in beeindruckender, teils überraschender Weise über das Gold des Nordens informiert. Die ausgestellten Exponate sind in über 50 Jahren zusammengetragen worden. Sie berichten im naturgeschichtlichen Teil des Museums von der Entstehung im Bernsteinwald bis zur heutigen Verbreitung in ganz Nordmitteleuropa. Der kulturhistorische Teil umfasst die Geschichte der Bernstein-Bearbeitung an ausgewählten Exponaten von der Steinzeit bis zur heutigen Zeit.

Museum für Dithmarscher Vorgeschichte

Das Museum bestand bis 2003 als Museum für Dithmarscher Vorgeschichte in Heide und ist nun in das 16 km entfernte Albersdorf in das ehemalige Bahnhofshotel umgezogen. Hier ist es unter dem neuen Namen „Museum für Archäologie und Ökologie Dithmarschen" seit Juli 2005 eröffnet. Eine thematisch neu ausgerichtete Ausstellung zeigt Archäologie und Umweltgeschichte in einer Zusammenschau. Ein Raum ist dem Bernstein gewidmet und zeigt schöne Exponate. Aber auch in anderen Vitrinen wird Bernstein gezeigt, z. B. alte Bernsteinfunde aus dem Watt.

Ostpreußisches Landesmuseum Lüneburg

Erleben Sie die Geschichte, Landschaft und Kultur Ostpreußens. Das Ostpreußische Landesmuseum ist ein Höhepunkt jedes Lüneburg-Besuchs. Es informiert über eine 700 Jahre lang deutsche Region im Osten Mitteleuropas. Neben 6 Dauer- und 2 Wechselausstellungen, die auf 5 Etagen verteilt. sind, stehen den Besuchern auch eine Präsenzbibliothek und spannende Angebote der Museumspädagogischen Abteilung zur Verfügung. Sonderausstellung Kunsthandwerk: Bernstein, Silber und Keramik. Bedeutende Kunstwerke entstanden bei den Goldschmiedemeistern gerade auch in Königsberg.

Museum des Geologisch Paläontologischen Instituts der Universität Hamburg
Im unteren Stockwerk des Geomatikums finden Sie Exponate von lokalen Fundstellen und berühmten Fossillagerstätten aus aller Welt. Außerdem erhalten Sie eine Einführung in geologische Prozesse. Einige Vitrinen sind dem Bernstein gewidmet.

Bernsteinmuseum Sellin
Im Zentrum von Sellin befinden sich seit 1999 das einzige Bernsteinmuseum der Insel Rügen und das führende Bernsteinfachgeschäft mit Werkstatt des Goldschmiedemeisters Jürgen Kintzel. Viele Vitrinen und reichlich Bildmaterial geben Einblick in die Geschichte und Entstehung des Bernsteins.

Elbe-Küsten-Park und Natureum Niederelbe in Balje
Dieses Freilichtmuseum mit Museumsbau liegt in der Nähe von Cuxhaven an der Elbe und zeigt Bernsteinexponate aus verschiedenen Sammlungen.

Bernsteinmuseum in Rurup
Das Bernsteinmuseum ist das einzige in der Region Angeln und sicherlich eines der wenigen reinen Bernsteinmuseen in ganz Deutschland. Dieses Bernsteinmuseum befindet sich in Ruruplund, ganz in der Nähe von Süderbrarup. Das Museum wird geleitet von Herrn Heinz-Walter Sandeck, der auch die angeschlossene Bernsteinschleiferei zur Verarbeitung des Bernsteins führt. Dieses Bernsteinmuseum befindet sich im Mühlenhaus der Ruruper Wassermühle. Das Wohnhaus stammt aus dem 16. Jahrhundert und wurde vollständig renoviert. Herr Sandeck übernahm die Bernsteinsammlung seines Großvaters, der Bernsteindrechsler war. Daraus ist heute das Bernsteinmuseum entstanden.

Bernstein Museum bei Oksbøl, Dänemark
Eines der besten Museen in Europa zum Thema Bernstein befindet sich ca. 20 km nordwestlich von Esbjerg in Oksbøl. Das Bernsteinmuseum lässt die Besucher nicht nur interessante Einblicke in die Kulturgeschichte, die Schmuckherstellung und das Kunstgewerbe gewinnen, sondern auch Wissenswertes über die Entstehung von Bernstein und den Einschluss von Insekten oder Pflanzenteilen erfahren. Darüber hinaus kann man verschiedene Bernsteintypen aus der ganzen Welt ansehen. Sehen Sie Bernsteinschmuck aus dem Steinzeitalter bis heute.

Esbjerg Museum

Bernstein – Dänemarks Gold hat die Menschheit schon immer fasziniert; und die Westküste Jütlands ist für seine zahlreichen Bernsteinfunde sehr bekannt. Mehrere hundert einzigartige Bernsteingegenstände mit fast 10 000 Jahren Geschichte werden in dieser neuen, großen Ausstellung präsentiert. Was ist Bernstein? Wo kann man ihn finden? Wie und wann wurde er gebildet? Wozu haben die Menschen ihn seit der Jägersteinzeit benutzt? Die Antworten finden Sie in der Ausstellung, in der Sie sich auch an den vielen, phantastischen Bernsteingegenständen erfreuen können.

Bernsteinmuseum im Dohnaturm Kaliningrad (ehemals Königsberg)

Das Bernsteinmuseum beherbergt, was der Name suggeriert, aber das Gebäude nicht vermuten lässt: Bernstein – und zwar kunstvoll verarbeitet in allen Farben, Größen und Schattierungen sowie Rohbernstein mit seltenen Einschlüssen. Besucher erfahren außerdem, wie die Bildung von Bernstein aus dem Harz von Nadelbaumen vor 35 Millionen Jahren vonstatten ging.

Bernsteinmuseum in Palanga

Das weltbekannte und größte Bernsteinmuseum der Welt in Palanga befindet sich im botanischen Park im ehemaligen Schloss des Grafen Felix Tiskevicius und wurde 1963 eröffnet. Um das Schloss herum zieht sich der über 100 ha große botanische Park, der vom französischen Garten-Architekten Edouard Francois André entworfen wurde. Die erste kleine Bernstein-Ausstellung im heutigen Bernsteinmuseum in Palanga zahlte gerade einmal 478 Ausstellungsstücke, die sich auf einer Flache von 96 m² verteilten. In vier Jahrzehnten ist daraus ein modernes Museum geworden und ein bedeutendes Zentrum für Sammlung, Forschung und Verbreitung von Bernstein. Das Bernsteinmuseum in Palanga verfügt heute über 29 000 Exponate, von denen etwa 4 500 auf einer Flache von 750 m² ausgestellt sind.

Bernsteingalerie-Museum Pamario 20, Nida

Die Besucher des Bernsteinmuseums, das im Jahre 1993 gegründet wurde, werden von hölzernen Figuren aus dem Schwarzortschatz begrüßt. Diese Amulette gelten als eine Art Museumswächter. Über den Schwarzortschatz und die Bedeutung dieser Amulette erfahren die Besucher alles im Museum, wo sie alle 434 Amulette aus Bernstein in originaler Größe sehen können. Im Museum wird die Geschichte des Baltischen Bernsteins vorgestellt: Seine Entstehung, seine Morphologie, Farbvariationen und Bernsteineinschlüsse. Da kann man Bernsteinstücke in verschiedener Größe und Form sehen. Das Museum präsentiert nicht nur archäologische Besonderheiten, sondern auch eine ständig erneuerte Werkausstellung der berühmtesten litauischen Künstler.

Nicht in Küstennähe gelegen, aber dennoch darf es in der Auflistung nicht fehlen:
Senckenberg Naturmuseum in Frankfurt
Staatliches Museum für Naturkunde Stuttgart
Museum des GZG Geowissenschaftliches Zentrum Göttingen

INTERNETSEITEN ZUM THEMA BERNSTEIN
www.arbeitskreis-bernstein.eu
www.ambertop.de
www.deutsches-bernsteinmuseum.de
www.bernstein-drechsler.de
www.nordschmuck.de
www.jwjanzen.de
www.bernsteinmuseum.de
www.uwebernstein.de
www.ravsiden.dk
www.faszination-bernstein.de
www.uni-goettingen.de/de/102706.html
www.museum-albersdorf.de/bernstein/blexikon.htm
www.wissenschaft-online.de/spektrum/leseproben/Bernstein.pdf
ww.amber-inclusions.dk
www.flickriver.com/photos/amber-inclusions/popular-interesting/
www.Bernsteininkluse.de

MESSEN, DIE VIEL BERNSTEIN ZEIGEN UND JEDES JAHR ABGEHALTEN WERDEN
Amberif in Danzig, im März
Euromin, Mineralienmesse Lörrach, im März
Mineralientage Fürth, Regionalmesse im März
Mineral Expo Luxemburg, im März
Mineralien- und Fossilienbörse Stuttgart, im April
Verona Mineral Show in Verona, im Mai
Mineralienwelt in Idar-Oberstein, im Mai
Freiberger Mineralienbörse, im Juni
Mineralien- und Fossilienbörse Halle / Saale, im Juni
Sainte-Marie Aux Mines / Elsaas, im Juni
Ambermart in Danzig, im September
Mineralienmesse München, Ende Oktober
Westdeutsche Mineralientage Dortmund, im Oktober
Mineralienmesse Zürich, im November
Mineralienmesse Hamburg, Anfang Dezember

11 Bernsteinliteratur

Im Arbeitskreis Bernstein der Universität Hamburg ist Dirk Teuber Beirat für das Spe-zialthema Bernstein-Literatur. Er besitzt die wohl umfangreichsten Kenntnisse über Bernsteinliteratur und nennt hier einige Werke.

DIE KLASSIKER (NACH ERSCHEINUNGSJAHR GEORDNET)
Diese Bücher sind vergriffen, man kann sie aber meist antiquarisch bekommen.

Conwentz, Hugo: Monographie der Baltischen Bernsteinbäume, Naturforschende Gesell-schaft zu Danzig, 1890, S. 1–151, 18 Tafeln, neu aufgelegt durch den Arbeitskreis Bern-stein der Universität Hamburg, 2008.
Bölsche, Wilhelm: Im Bernsteinwald, 1927, S. 1–80.
Andrée, Karl: Bernsteinforschungen; Bd. 1, Heft 1, 1929, S. I–XXXII, 1–167, 8 Tafeln.
Andrée, Karl: Bernsteinforschungen, 1931, Bd. 2, S.1–203.
Andrée, Karl: Bernsteinforschungen, 1933, Bd. 3, S.1–241.

Andrée, Karl: Der Bernstein und seine Bedeutung in Natur- u. Geisteswissenschaften, Kunst und Kunstgewerbe, Technik, Industrie und Handel, nebst Führer durch die Bernsteinsammlung der Albertus-Universität, Königsberg, 1937, S. 1–219.

Andrée, Karl: Bernsteinforschungen, 1939, Bd. 4, S. 1–133.

Andrée, Karl: Der Bernstein. Das Bernsteinland und sein Leben, Stuttgart 1951. 96 S.

Bachofen-Echt, Adolf: Der Bernstein und seine Einschlüsse, Wien 1949. 231 S. Dieses Buch ist 1996 neu aufgelegt worden.

Larsson, S. G.: Baltic Amber – a Palaeobiological Study, Entomonograph Vol. 1, 1978. 192 S.

NEUERE LITERATUR

Auch viele dieser neueren Bücher sind schon vergriffen und werden leider nicht neu aufgelegt. Manchmal ist es schwieriger, eines dieser Bücher antiquarisch zu bekommen als eines der Klassiker.

Erichson, Ulf/Tomczyk, Leonhard: Die staatliche Bernstein-Manufaktur Königsberg 1926–1945, Eigenverlag des d. Bernsteinmuseums Ribnitz-Damgarten, 1998, S. 1–153.

Ganzelewski, M./Slotta, R.: Bernstein – Tränen der Götter, Deutsches Bergbaumuseum, Bochum 1996. 585 S. Dieses ist ein umfangreiches, wissenschaftlich höchsten Ansprüchen genügendes Buch über den Bernstein, DAS BESTE!

Grimaldi, David A.: Amber – Window to the past, 1996, American Museum of Natural History S. 1–216.

Gröhn, Carsten: Bernstein-Abenteuer Bitterfeld, 2010. 148 S. Ein tagebuchartig geschriebenes, spannendes Buch über das abenteuerliche Bernsteinsammeln in der Braunkohlegrube bei Bitterfeld.

Gröhn, Carsten: Alles über Bernstein, 2013, 208 Seiten, über 400 farbige Fotos und Abbildungen, im Hardcover-Atlasformat.

Janzen, Jens W.: Arthropods in Baltic Amber, 2002. 167 S. In Deutsch und Englisch parallel geschrieben, mit schönen Zeichnungen, Bestimmungsschlüssel und Bildern von Einschlüssen.

Kobbert, Max J.: Bernstein – Fenster in die Urzeit, 2005. 224 S. Dieses schöne Buch hat als Besonderheit die Möglichkeit, Bernsteineinschlüsse in 3D zu sehen.

Krumbiegel, G./Krumbiegel, B.: Faszination Bernstein, 2001, Goldschneck-Verlag, S. 1–11.

Krumbiegel, Günter u. Brigitte: Bernstein – Fossile Harze aus aller Welt, 2005, Edition Goldschneck, 3. Auflage, S. 1–112.

Poinar, George Jr.: Fossils in amber, 1994, Current Science, Vol. 66, No. 6, S. 417–420.

Poinar, George Jr.: Life in amber, 1992, Stanford University Press, S. 1–350.

Schlee, D./Glöckner, W: Bernstein, 1978, Stuttg. Beiträge z. Naturkunde, Serie C; Nr. 8, S.1–72.

Schlee, Dieter: Bernstein-Raritäten, Farben – Strukturen – Fossilien – Handwerk, 1980, Stuttg. Beiträge z. Naturkunde, S. 1–88.

Weitschat, W., Wichard, W.: Atlas der Pflanzen und Tiere im Baltischen Bernstein, 1998. 256 S. Ein Standardwerk über die Einschlüsse im Bernstein. Dieser Atlas wurde in Englisch neu aufgelegt: Atlas of Plants and Animals in Baltic Amber.

Wichard, W., Weitschat, W.: Im Bernsteinwald, 2004. 168 S. Hier verschmelzen Wissenschaft und Buchkunst zu einer schönen Einheit.

Wichard, W., Gröhn, C., Seredszus, F.: Wasserinsekten im Baltischen Bernstein, Aquatic Insects in Baltic Amber, 2009. 336 S. In Deutsch und Englisch parallel geschrieben, mit schönen Zeichnungen und Bildern von Einschlüssen, die höchsten Ansprüchen genügen.

Wunderlich, Jörg: Spinnenfauna gestern und heute – Fossile Spinnen im Bernstein und ihre heute lebenden Verwandten, 1986, Verlag Erich Bauer, S. 1–283. Weitere Bände über fossile und rezente Spinnen mit vielen tausend Seiten sind erschienen.

12 Quellen

© Bohnhorst, U.: Foto der Weitsche-Elchkuh aus dem Landesmuseum Hannover

© Diebel, G.: Zeichnung der Harzflussformen und Zeichnung des Bernsteinwaldes

© Ganzelewski, M./Slotta, R.: Bernstein – Tränen der Götter, Deutsches Bergbaumuseum, Bochum 1996.

© Henningsen, D./Katzung, G.: Einführung in die Geologie Deutschlands. 6., überarb. Aufl. – Spektrum Akademischer Verlag, Heidelberg – Berlin 2002.

© Hoffeins, Chr.: Foto Spülsaum am Strand von Jantarny

© Kobbert, M.J.: Foto Brennender Bernstein, aus „Bernstein – Fenster in die Urzeit", 2005. Fotos von Bernsteinketten aus der Hallstadt-Kultur und römische Kette.

© Kurverwaltung Baltrum: Luftaufnahme von Baltrum

© Knöß, H.-G.: Bild Möwe mit Bernstein und Dohle mit Bernstein (verändert)

© Ovid: Der Sturz des Phaeton, Metamorphosen Buch II, Seite 304 ff.

© Rubens: Gemälde „Der Sturz des Phaeton" (1604), National Gallery of Art, Washington D.C., Lizenz: Creative Commons by-sa 3.0.

© Von Holt, J.: Fotos der Pressbernstein-Maschine

13 Zeittafel der Erdgeschichte

Vergleichen wir die Zeit der Erdentstehung mit dem Verlauf eines Tages, dann tauchen wir, d. h. der moderne Mensch (Homo sapiens) erst in den letzten 2 Sekunden auf, kurz vor Mitternacht.
Die letzten Gletscher schmolzen bei uns in Norddeutschland 0,3 Sekunden vor Mitternacht.
Um 23.45 Uhr entstand der Bernsteinwald.

Um 23 Uhr tauchten erste primitive Säuger auf und um 22.15 Uhr eroberten die ersten Wirbeltiere das Land (lungenfischähnliche Lurche).
Erste vielzellige Lebewesen gab es um 21 Uhr, das Leben aber entstand schon morgens kurz vor 9 Uhr in den noch kochend heißen Urozeanen mit bakterienähnlichen Urzellen.

Äon	Beginn vor ca. Mio. J.	System (Zeitalter)	Lebewesen-Entwicklung, Besonderheiten	verkürzt auf 1 Tag
Phanerozoikum	2,5	Quartär und „Eiszeit"	Entwicklung der Menschheit aus aufrecht gehenden Affen, mehrere Gletschervorstöße	0,7 min
	23	Neogen (Pliozän und Miozän)*	Entwicklung der Säuger und Vögel zu den heutigen Familien, Klimaveränderung: Abkühlung	6,9 min
	66 (55)	Palaeogen (u.a. Eozän)*	Entwicklung der Säugerordnungen, Zeit des Bernsteinwaldes mit subtropischem Klima	20 min
	145	Kreide	Aussterben der Saurier, Blütenpflanzen-Entwicklung	0,7 h
	200	Jura	Vorherrschen der Saurier, Urvogel	1 h
	250	Trias	Entstehung der Säuger aus Reptilien, Saurier	1,25 h
	300	Perm	Ausbreitung der Reptilien	1,5 h
	360	Karbon	Ausbreitung der Amphibien, Erste Insekten fliegen, Große Farnwälder – Entstehung der Steinkohle	1,8 h
	415	Devon	Erste Landwirbeltiere, Entwicklung der Farne	2 h
	444	Silur	Gliederfüßer gehen an Land, Erste Gefäßpflanzen	2,2 h
	488	Ordovizium	Erste Pflanzen an Land	2,4 h
	540	Kambrium	Erste Wirbeltiere (Fische), Gliederfüßer entstehen	2,7 h
Proterozoikum	2 500	Proterozoikum	Entwicklung der Stämme der Wirbellosen	12,5 h
Archaikum	4 000	Archaikum	Erstes Leben entsteht (Bakterien, Ureinzeller)	20 h
Präarchaikum	4 600	Präarchaikum	Entstehung der Erde, Verfestigung der Erdkruste	1 Tag

* Paläogen und Neogen nannte man früher Tertiär

Die Zeitspanne vom Kambrium bis zum Quartär wird als Phanerozoikum bezeichnet.

DER AUTOR

Carsten Gröhn, Jahrgang 1949, studierte Biologie an der Universität Kiel und unterrichtete Biologie am Gymnasium Glinde. Er interessierte sich schon von Jugendzeit an für Fossilien und sammelte leidenschaftlich Geschiebefossilien in Schleswig-Holstein. Erst viel später entdeckte er sein Bernsteinhobby mit dem großen Schwerpunkt der Bernstein-Einschlüsse (Tiere und Pflanzen im Bernstein). Er baute eine bemerkenswerte Sammlung auf, die sehr viele wissenschaftlich beschriebene Tiere enthält. Als Vorsitzender des Arbeitskreises Bernstein des Geologisch-Paläontologischen Instituts der Universität Hamburg betreut er über 200 Mitglieder aus aller Welt. Er ist Autor und Koautor verschiedener Bücher über Bernstein. Sein letztes Buch: „ALLES ÜBER BERNSTEIN – ambertop / Carsten Gröhn", ein Standardwerk für den Bernsteinliebhaber.

Weitere Informationen zum Thema Bernstein gibt es auf www.ambertop.de